高等学校教材

结构力学基础

黄其青　王生楠　编

西北工業大學出版社

【内容简介】 结构力学是一门研究结构在外载荷作用下变形和受力的科学。本书主要面向航空航天类飞行器设计专业及结构强度专业的本科生，按32学时数编写。全书以杆系结构和薄壁结构为基本研究对象，共分6章。内容包括绪论、结构的几何组成分析、静定结构的内力与变形、力法、位移法及工程梁理论。

图书在版编目（CIP）数据

结构力学基础/黄其青等编．—西安：西北工业大学出版社，2001.1（2013.8重印）
ISBN 978-7-5612-1311-7

Ⅰ．结... Ⅱ．黄... Ⅲ．结构力学 Ⅳ．0342

中国版本图书馆CIP数据核字（2000）第77017号

出版发行：西北工业大学出版社
通信地址：西安市友谊西路127号 邮编：720072
电 话：（029）88493844 88491757
网 址：http://www.nwpup.com
印 刷 者：陕西百花印务有限责任公司
开 本：787 mm×1 092 mm 1/16
印 张：8.25
字 数：197千字
版 次：2001年4月 第1版 2013年8月 第3次印刷
定 价：17.00元

前　言

本书为适应现代科学技术发展和教学改革的需要，为航空航天类飞行器设计专业及结构强度专业的本科生编写的；也可供船舶结构等其他专业“结构力学”课程以及从事构造设计与结构分析的工程技术人员参考。

全书是在作者积累了多年“结构力学”教学经验以及紧密联系工程实际的基础上编写的，力求做到既保证理论系统完整，又反映现代技术的最新成果；既系统阐述理论，又紧密结合工程实际；既直接传授知识，又具有一定启发性，由浅入深，重点突出，点面结合，逻辑性强。

全书以杆系结构和薄壁结构为基本研究对象，内容包括绪论、结构的几何组成分析、静定结构的内力与变形、力法、位移法及工程梁理论。各章均配有习题。

作为一门专业基础课程，书中充分体现了专业特色。算例主要来源于实际飞行器结构，从工程实际中最基本现象剥离出受力元件，建立计算模型，讲述力学方法，然后再回到工程实际中分析。在论述分析中注意了培养学生分析和解决工程实际问题的能力。

结构力学既要系统地阐述结构分析的基本原理，又要跟上计算技术飞速发展的步伐，为此，在编写本书时，注意了精简理论分析上可行而实际计算应用难度大的内容，介绍了适合于计算机计算的位移法。

书中带 * 号的章节作为选修内容，可根据专业教学的具体安排选择。

本书第 1 章至第 5 章由黄其青编写，第 6 章由王生楠编写。全书由黄其青任主编。

西北工业大学葛守廉教授在百忙中审阅了全书，并提出了许多宝贵意见，在此表示衷心的感谢。

本书不足之处恳请读者批评指正。

编者

2000 年 12 月

目　　录

第 1 章　绪论 …… 1

1.1　结构力学的任务 …… 1

1.2　结构力学的计算模型 …… 1

1.3　结构的分类 …… 3

1.4　基本关系和基本假设 …… 4

第 2 章　结构的几何组成分析 …… 6

2.1　概述 …… 6

2.2　几何不变性的判断 …… 7

习　题 …… 16

第 3 章　静定结构的内力与变形 …… 19

3.1　概述 …… 19

3.2　静定桁架的内力 …… 19

3.3　静定刚架的内力 …… 22

3.4　静定混合杆系的内力 …… 25

3.5　静定结构的位移 …… 27

习　题 …… 34

第 4 章　力法 …… 37

4.1　概述 …… 37

4.2　力法原理及力法正则方程 …… 37

4.3　静不定结构的内力 …… 39

4.4　基本系统的选择 …… 43

4.5　静不定结构的位移 …… 49

4.6　对称定律 …… 53

习　题 …… 55

第 5 章　位移法 …… 57
5.1　概述 …… 57
5.2　元素刚度矩阵及平衡方程 …… 57
5.3　坐标变换 …… 62
5.4　元素在总体坐标系下的刚度矩阵 …… 64
5.5　结构刚度矩阵及平衡方程 …… 64
5.6　边界条件的处理 …… 66
5.7　位移法结构分析 …… 69
习　题 …… 74
第 6 章　薄壁工程梁理论 …… 76
6.1　概述 …… 76
6.2　自由弯曲时正应力的计算 …… 79
6.3　自由弯曲时开剖面切应力的计算 …… 83
6.4　自由弯曲时单闭室剖面切应力的计算 …… 88
6.5　开剖面弯心的计算 …… 93
6.6　单闭室剖面弯心的计算 …… 98
6.7　多闭室剖面剪流的计算* …… 105
6.8　多闭室剖面剪流及弯心的近似计算* …… 113
6.9　限制弯曲与限制扭转的概念* …… 115
习　题 …… 119
参考文献 …… 126

第1章 绪 论

结构是一些用于传力的元件和构件的集合。任何一架性能先进的飞行器必须具有重量轻且结实可靠的结构。为此，很有必要掌握结构分析的基本原理及计算方法，以便在飞行器各个设计和应用阶段，对其结构的组成及其内力与变形进行可靠的分析计算。“结构力学基础”就是一门研究这方面内容的课程。

1.1 结构力学的任务

在飞行器构造中，需要有一个连接很好的受力系统，能够承受载荷作用和传递载荷的受力系统称做“结构”，结构的各个组成部分称做“构件”。

显然，结构要有足够的承受载荷的能力及在外载荷作用下抵抗变形的能力，也就是说必须具有足够的强度和刚度。

结构力学的具体任务是：

(1) 研究结构在载荷作用下内力的计算方法，以核实结构是否有足够的强度，满足结构的安全性。

(2) 研究结构在载荷作用下变形的计算方法，以核实结构是否有足够的刚度，使结构的变形不影响正常使用。

(3) 研究结构的稳定性，以保证结构不会发生失稳破坏。

(4) 研究结构的组成规律和合理形式。

本书所涉及的主要内容为上述任务的(1)、(2)及(4)，有关结构稳定性的问题不作讨论。

1.2 结构力学的计算模型

工程结构，尤其是飞行器结构往往是十分复杂的，要想考虑所有的因素来分析其内力和变形几乎是不可能的，也是没有必要的。为了适应实际计算，首先需要将真实结构加以简化，保留起主要作用的因素，略去次要因素，用理想化的受力系统来代替实际结构，以得到所需要的计算模型。

计算模型选取的原则是：

(1) 力求反映实际结构的主要受力和变形特征；

(2) 力求便于结构的力学分析。

计算模型的简化大致可分为以下5个方面的内容。

1. 外载荷的简化

(1) 略去对强度和刚度影响不大的外载荷，着重考虑起主要作用的外载荷。这是载荷简化的一个主要方面。例如，当机翼弯曲变形时，可简化为只考虑与机翼平面相垂直的分力所引起的效应，忽略与机翼平面平行的分力所引起的效应。

(2) 将作用面积很小的分布载荷等效地简化为集中载荷。

(3) 将载荷集度变化不大的分布载荷简化为均布载荷。

(4) 将动力效应不大的动力载荷简化为静力载荷。

2. 几何形状的简化

飞行器的外形大多由曲线或曲面所构成，计算模型可以简化为用折线代替曲线，用若干平面代替曲面。例如，图 1-1(a) 所示的机身圆形框可以简化为由若干段直梁所组成，图 1-1(b) 所示的机翼，可以简化为由若干个盒式结构组成的受力模型。

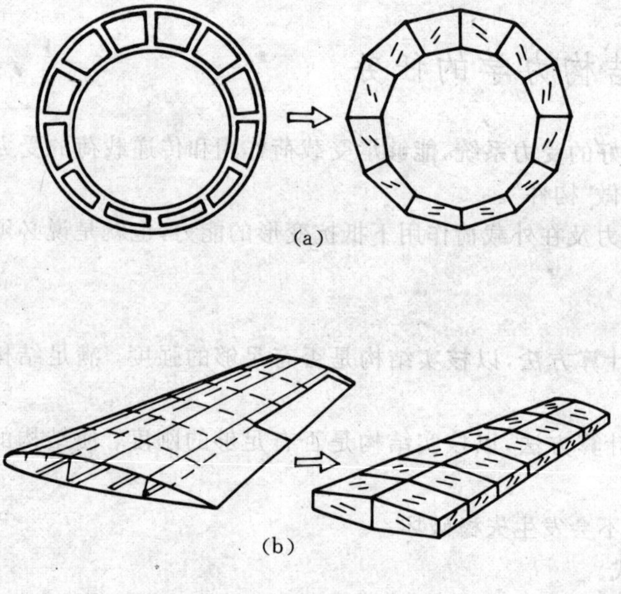

图 1-1　几何形状的简化

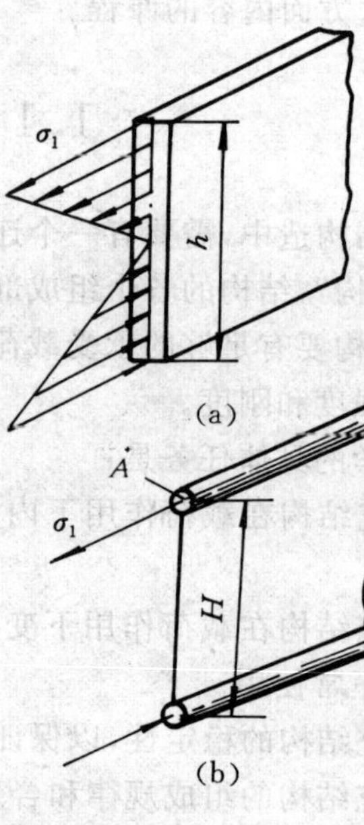

图 1-2　受力系统的简化

3. 受力系统的简化

(1) 略去结构中不受力或受力不大的元件。

(2) 对元件的受力规律或受力类型作某些假设，抽象为理想化元件。

例如，对承受弯曲的平面梁(图见 1-2)，可以简化为双缘条薄壁梁。设原梁的高度为 h，惯性矩为 J，梁断面上的应力分布如图 1-2(a) 所示。图 1-2(a) 梁断面的最大应力可按下式计算

$$\sigma_1 = \frac{Mh}{2J} \tag{1-1}$$

将图 1-2(a) 简化为图 1-2(b) 所示的薄壁梁。设薄壁梁的高度为 H，缘条的集中面积为 A，正应力 可以由下式计算

$$\sigma_1 = \frac{M}{HA} \tag{1-2}$$

因为式(1-1)等于式(1-2),故得

$$A=\frac{2J}{Hh} \tag{1-3}$$

当 J,H 及 h 为已知时,则计算模型的截面积 A 便可以由式(1-3)算得。

4. 连接关系的简化

将实际结构中所采用的铆接、螺接或焊接等连接方式,按照其受力及构造特点,可以简化为没有磨擦的铰接、滑铰或刚接等。杆件的汇交点称为结点,其可以简化为图1-3所示的3种形式。

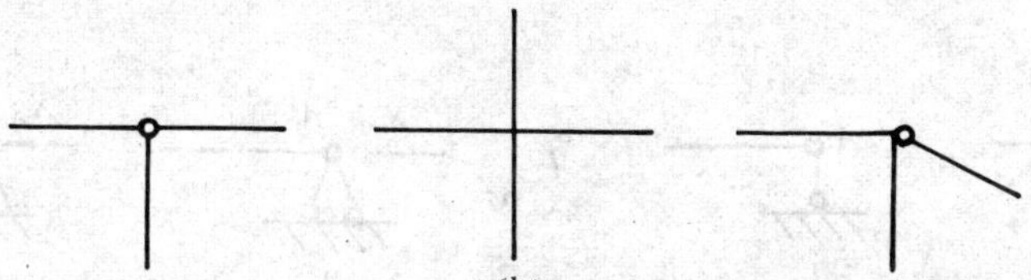

图1-3　结点的简化

(1) 铰结点(见图1-3(a)),其特征是被连接的杆件在连接处不能相对移动,但可绕该结点自由转动。铰结点可以传递力,但不能传递力矩。

(2) 刚结点(见图1-3(b)),其特征是被连接的杆件不能相对移动,且不能相对转动。刚结点即可传递力,也可传递力矩。

(3) 组合结点(见图1-3(c)),同一结点上某些杆子视为铰结点,另一些杆子视为刚结点时,形成组合结点,此结点同时具有铰结点和刚结点的特征。

5. 支座的简化

将结构与基础连接起来的装置称为支座,这里以平面支座为例,将支座简化为以下4种形式。

(1) 可动铰支座(见图1-4(a)),其几何特征是结构可以绕铰 A 转动及沿水平方向移动,但不能在竖直方向移动。

(2) 固定铰支座(见图1-4(b)),其几何特征是结构可以绕铰 A 转动,但不能作水平和竖直方向移动。

(3) 固定支座(见图1-4(c)),其几何特征是结构在点 A 的转动、水平和竖直方向的移动均受到限制。

(4) 定向支座(见图1-4(d)),其几何特征是能限制结构可以绕铰 A 转动及沿一个方向的移动(图示的水平方向),但允许在另一个方向的移动(图示的竖直方向)。

1.3　结构的分类

常见的飞行器结构可分为以下5种分析模型。

(1) 桁架。横截面尺寸远远小于长度的杆系结构,由直杆组成的受力系统。各杆之间均以无摩擦的铰链相连接,桁架只承受结点载荷。

(2) 刚架。杆系结构，由直杆或曲杆组成的受力系统。各杆件之间是刚性连接，变形过程中各杆件之间的夹角保持不变。

(3) 薄壁结构。厚度比长度及宽度小得多的结构，它是飞行器结构中应用得最多的一种形式。在飞行器结构中，薄壁结构是指由构件(梁、缘条、桁梁、桁条、肋、隔框)及蒙皮所构成的受力系统。

(4) 整体结构。3 个方向尺寸相仿的结构，通常是由机械铣切或化学腐蚀加工而成。

(5) 混合结构。由上述各种结构模式混合组成的结构。

本书的主要讨论对象为杆系结构(桁架与刚架)及薄壁结构。

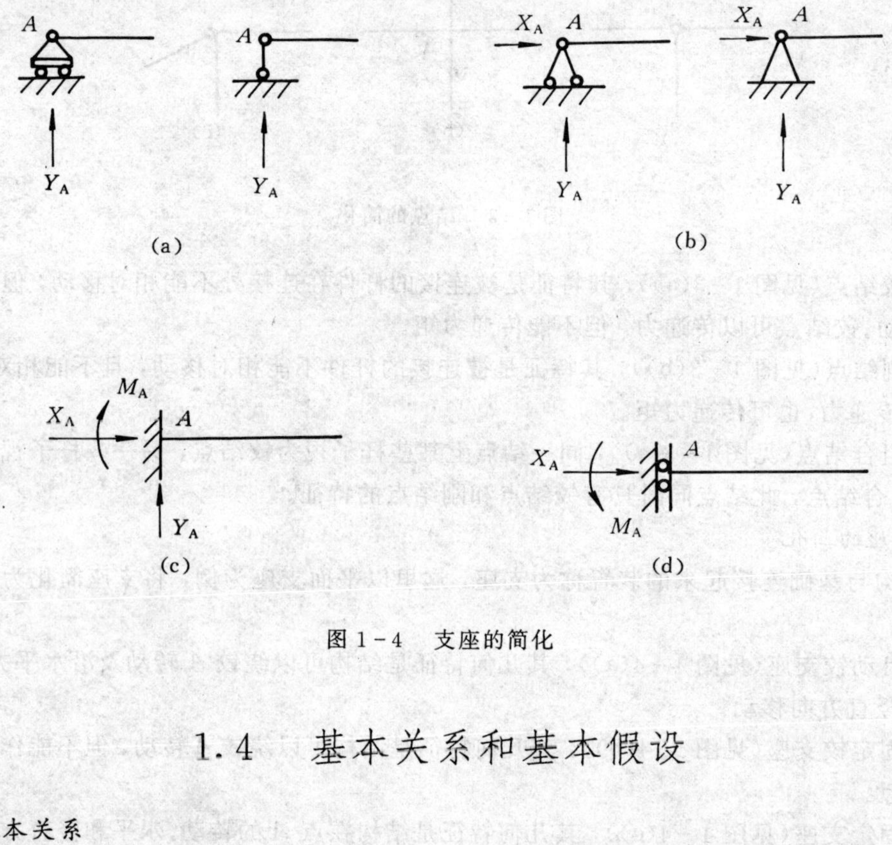

图 1-4　支座的简化

1.4　基本关系和基本假设

1. 基本关系

结构在受力时的客观规律：

(1) 所有作用于结构上的力必定是平衡的，结构的所有元件受力也是平衡的。

(2) 结构发生变形时，其各个部分之间一定是协调的，即不允许发生断裂或重叠现象。

(3) 结构元件的应力和应变之间，存在着反映材料物理性质的对应关系。

归纳起来就是平衡关系、协调关系和物理关系。结构力学的原理和计算方法均是基于这三种基本关系而建立的。

2. 基本假设

(1) 小变形假设。认为结构在载荷作用下变形很小，假设它不影响结构的外形几何尺寸。这样，可以根据结构变形前的几何形状建立平衡方程式，这种简化处理不会引起太大的误差。

(2) 线弹性假设。认为结构为线弹性系统。

弹性是指在载荷作用下，结构产生内力及变形；当载荷去掉后，内力与变形也随之消失，结构仍会恢复到原始状态，无残余变形。

线性是指结构的外载荷与变形以及元件的内力与变形之间符合虎克定律，即为直线关系。

第 2 章　结构的几何组成分析

2.1　概　　述

结构要能承受载荷，其几何组成必须合理，即受力结构各元件之间不应发生相对的刚体移动以保持结构原来的几何形状。

因为组成结构的元件不是绝对刚性的，在载荷作用下各元件均会发生微小的弹性变形，所以要求结构的几何形状绝对不变是不可能的，也是不必要的。

在任意载荷作用下，若不考虑元件弹性变形引起的结构几何形状的微小变化，保持结构原有几何形状不变的特性称为结构的几何不变性。

一个系统在载荷作用下，按照其几何形状的可变性分为 3 种类型。

1. 几何可变系统

系统受载后，在元件不产生弹性变形的情况下其几何形状就发生了显著的改变，称为几何可变系统，也称为“机构”。

图 2-1 所示系统为一种典型几何可变系统。该系统由 3 根杆子铰接而成，当有微小的外载 P 作用时，该系统的几何形状将发生巨大的变化，其变形趋势如图 2-1 中虚线所示，此变形并不会引起杆子的弹性变形，因而，杆子不会产生与外力平衡的内力。在这种情况下，只要没有其它阻碍，系统的形状将继续变化下去，一直到倒伏在基础上为止。显然，几何可变系统在不产生弹性变形的情况下元件之间就发生相对的刚体位移，因而，它是不能受力的系统，它不能作为结构来使用，在构造设计时，必须避免这种情况。

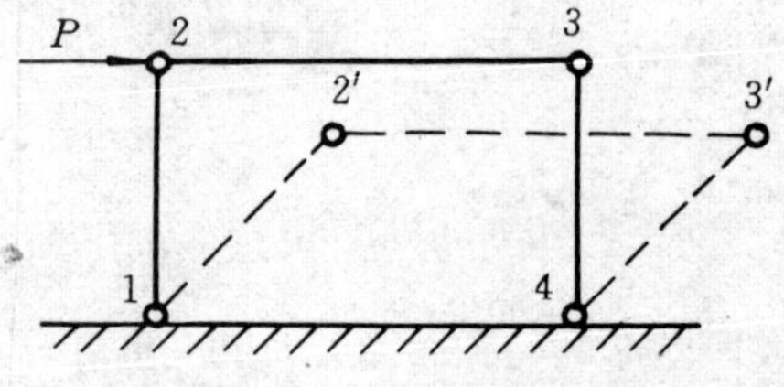

图 2-1　典型几何可变系统

2. 几何不变系统

系统在受载后，由于各元件之间的互相牵连将引起有关元件的弹性变形，其几何形状仅产生微小的变化，从而产生一定的内力与外载荷平衡，阻止了系统几何形状继续改变。这种系统能够承受任意方向的载荷，称为几何不变系统，也称为“结构”。

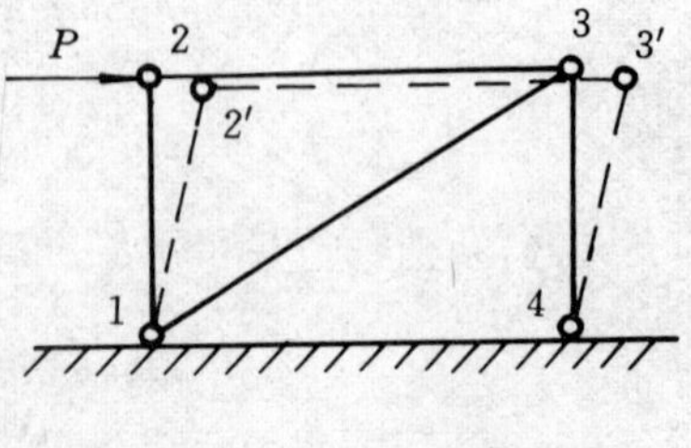

图 2-2　典型几何不变系统

图 2-2 所示系统为一种典型几何不变系统。该系统由 4 根杆子铰接而成，当外载荷作用在系统上时，由于杆1-3

的作用，系统不能改变其几何形状，变形趋势如图 2-2 中虚线所示。这时，系统在外载 P 力作用下，杆 1-3、杆 2-3 及杆 3-4 均有弹性变形，因而引起内力与外载 P 相平衡。这时的系统发生变形，但这种变形由于受到元件刚性的限制，通常是微小的，不影响系统的正常使用。显然，几何不变系统受力时其各元件之间不会发生相对的刚体位移，能保持原有的几何形状，它是能够受力的系统。

3. 瞬时几何可变系统

该系统介于几何可变与几何不变两种系统之间，系统受载后，先是发生比较明显的几何变形，而后由于变形引起系统内部各元件的相互限制，使形状不能继续改变下去。所以其在开始受力的"瞬时"是几何可变的，称为瞬时几何可变系统，简称瞬变系统。

图 2-3 所示系统为一种典型的瞬时几何可变系统。该系统也由 4 根杆子铰接而成，当外载 P 作用时，由于杆1-2、杆2-5均与外载 P 相垂直，故其不能阻碍结点沿水平线 2-3 方向的移动。所以，在开始加力的瞬间，系统是几何可变的。但当系统有显著的变形后（如图2-3中虚线所示），杆 1-2 和杆 2-5 会明显伸长，因此产生了阻止其继续变形的能力，不能像几何可变系统那样继续变形下去。所以瞬变系统的几何形状是不能任意改变的，这一点它与几何可变系统不同。另一方面，在受载瞬时，由于元件微小的弹性变形可以引起系统几何形状的显著变化，这又与几何不变系统不同。

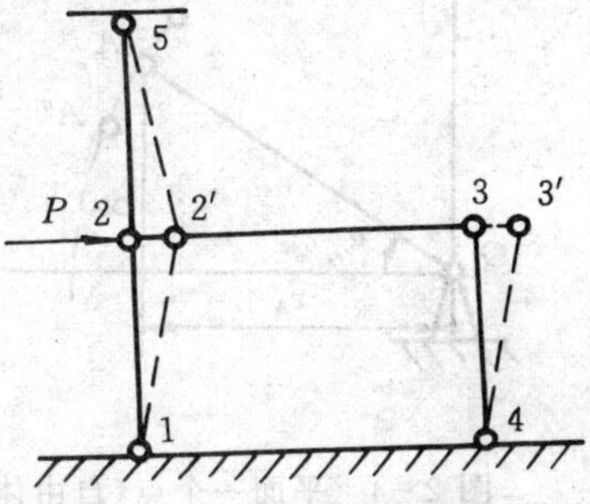

图 2-3　典型瞬时几何可变系统

因为瞬变系统开始受载时内力是巨大的。所以在结构布置时，是不允许采用瞬变系统来作为结构的。应避免由于元件安排不合理而出现的瞬变系统。

在任意载荷作用下，只有几何不变的结构才能承力和传力，反之，只有能承力和传力的结构在任意载荷作用下才是几何不变的。这样，几何不变性就成为元件和构件的集合是否能够成为结构的重要判据。几何不变的结构，是结构力学的研究对象。几何组成分析的目的在于：

（1）判断系统是否为几何不变，以决定其能否作为结构使用；

（2）掌握几何不变结构的组成规律，便于设计出合理的结构；

（3）区分静定结构或超静定结构，以确定不同的计算方法。

2.2　几何不变性的判断

2.2.1　运动学方法

将结构中的某些结点（或元件）看做自由体，将另一些元件（或结点）看做约束。如果没有足够的约束去消除自由度，系统就无法保持其原形。于是，可以从"自由度"与"约束"之间的关系中，引出判断结构几何不变性的准则。所谓运动学方法，就是指这种引用"约束"和"自由度"的概念来判断系统几何不变性的方法。

1. 自由度与约束

（1）自由度的定义。决定一物体在某一坐标系中的位置所需要的独立变量的数目，称为物体的自由度，用 n 表示。

确定平面一个点的位置需 2 个独立坐标 x_A，y_A（见图 2-4 中的点 A），所以平面一个点的自由度 $n=2$。

确定空间一个点 A 的位置需 3 个独立坐标 x_A，y_A，z_A，则空间一个点的自由度 $n=3$（见图 2-5 中的点 A）。

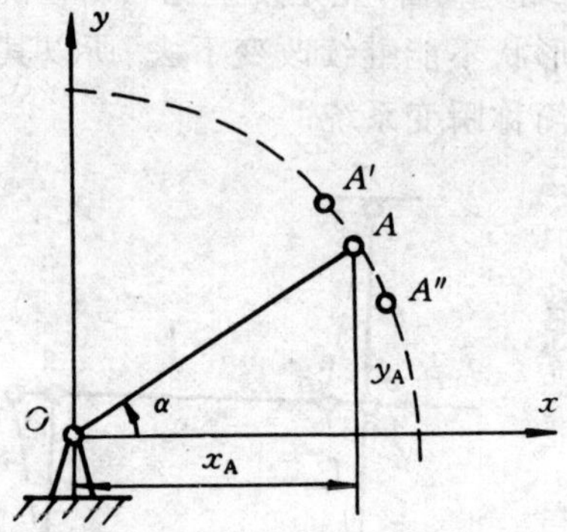

图 2-4　平面一个点（自由体）及一根杆（约束）

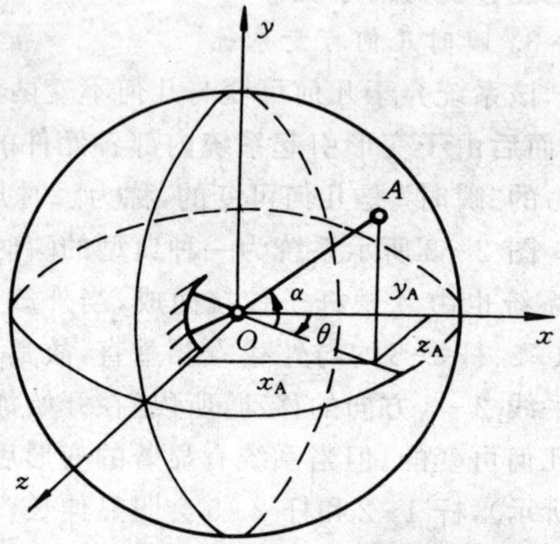

图 2-5　空间一个点（自由体）及一根杆（约束）

平面一根杆（或一刚片）具有 3 个自由度（x_A，y_A，α），如图 2-6 所示。

空间一根杆具有 5 个自由度（x_A，y_A，z_A，α，θ），如图 2-7 所示。空间一刚体具有 6 个自由度。

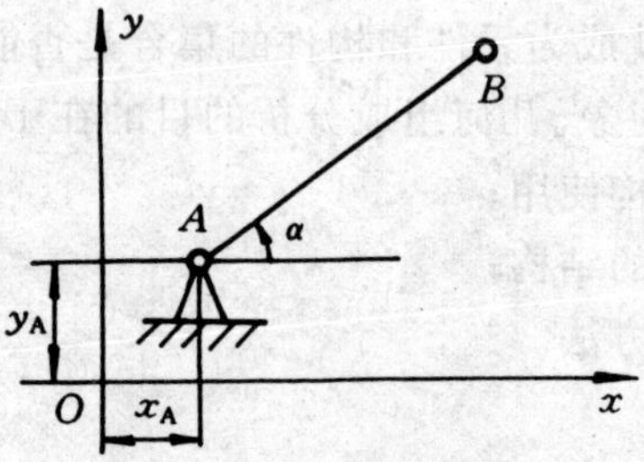

图 2-6　平面一根杆（自由体）及铰链（约束）

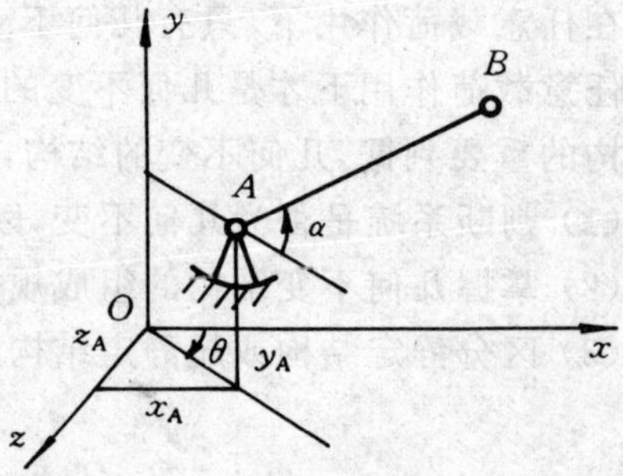

图 2-7　空间一根杆（自由体）及铰链（约束）

(2) 约束的定义。减少自由度的装置，称为约束，用 c 表示。约束是系统中构件之间或系统与基础之间的连接装置。

平面任一点 A 原本有 2 个自由度，如用一根杆子将其铰接在平面坐标系的原点上（见图 2-4），点 A 就不能在平面内任意移动，而仅能在杆端所画的圆周上移动了。这时只需一个独立变量 α 就可确定其位置了，所以平面内一根两端具有铰链的杆子是一个约束，$c=1$。

空间任一点原本有 3 个自由度，如果用一个杆子将其铰接在空间坐标系原点上（见图 2-

5)，这时点 A 也只能在以杆子为半径的球面上移动了，即仅需 2 个独立变量 θ 和 α 就可确定其位置了，可见空间系统中一根两端具有铰链的杆子也是一个约束，$c=1$。

平面中的固定铰支座能消去 2 个自由度(2 个线位移)，但不能消除转动，因此它相当于 2 个约束(见图 2-6)，$c=2$。

空间中的固定铰支座能消去 3 个自由度，相当于 3 个约束(见图 2-7)，$c=3$。

同理，平面可动铰相当于 1 个约束，$c=1$。

连接两根杆(或刚片)的铰称为单铰，如图 2-8 所示。平面 2 根杆本有 6 个($n=2\times 3$)自由度，用单铰连接后，只剩 4 个自由度(x_A，y_A，α，β)。故平面一单铰相当于 2 个约束，$c=6-4=2$。

连接两根以上杆(或刚片)的铰称为复铰，如图 2-9 所示为一平面复铰。原 m 根杆的自由度 $n=3m$，用一铰连接后，剩余自由度为 m 个角度加上 2 个平移，约束数 $c=3m-(m+2)=2(m-1)$。

图 2-10 所示为平面带铰刚盘，原 m 个铰点的自由度 $n=2m$，和刚盘连接后剩 3 个自由度，故约束数 $c=2m-3$。

图 2-11 所示的平面固支约束数 $c=3$，空间固支约束数 $c=6$。

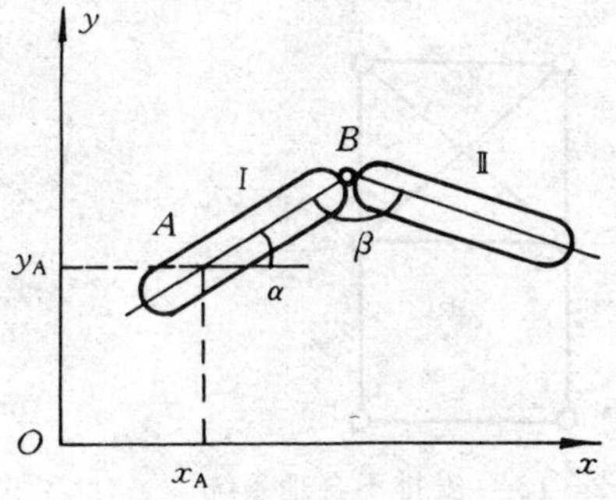

图 2-8　单铰

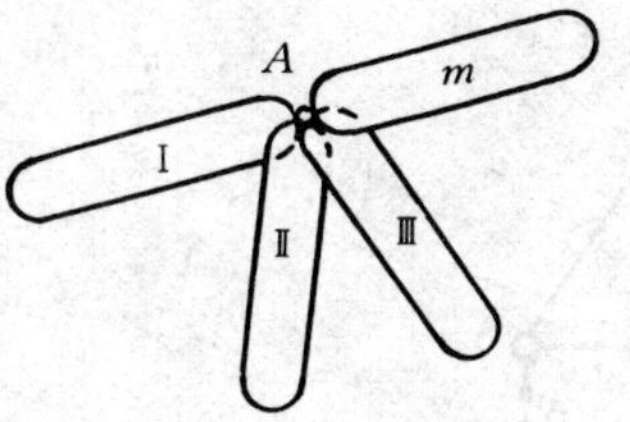

图 2-9　复铰

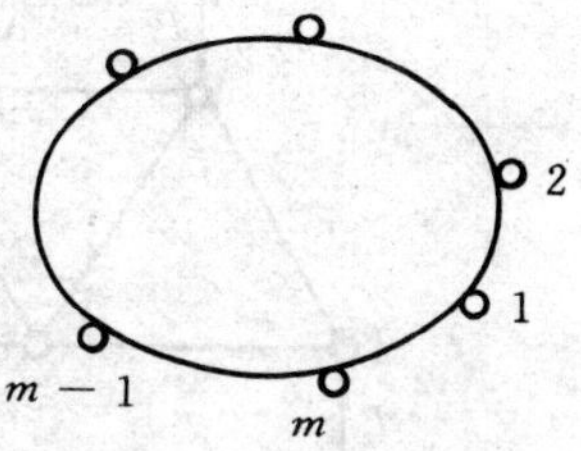

图 2-10　平面带铰刚盘

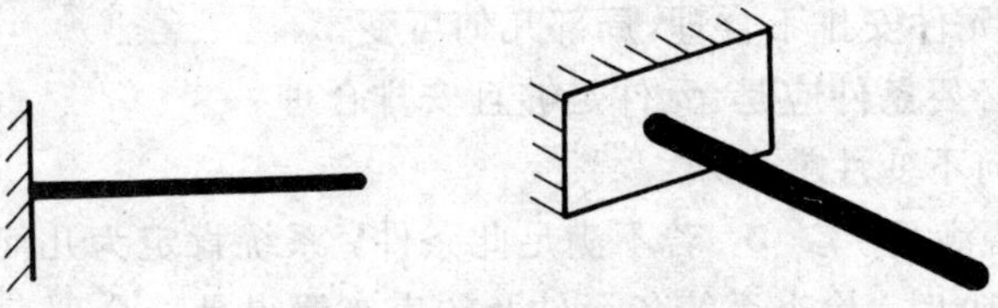

图 2-11　平面与空间固支约束

建立了自由度与约束的概念，就可以用来研究系统的几何不变性。要保证系统的几何不变性，就要求系统内自由体的约束数足以控制其自由度数。

用 $c_{\min}$ 描述系统最小约束数，用 f 描述系统的约束情况(也称多余约束数)，则

平面结构：自由结构(可移动结构)　$c_{\min}=n-3$；

固定结构(不可移动结构)　$c_{\min}=n$。

空间结构：自由结构(可移动结构)　$c_{\min}=n-6$；

固定结构(不可移动结构)　$c_{\min}=n$。

$f = c - c_{\min} \geqslant 0$ 为保证系统几何不变的必要条件。

至于将系统中哪些元件作为自由体，哪些元件作为约束，可以根据具体情况灵活运用。

例 2-1 如图 2-12 所示平面自由系统，分析系统的几何不变性。

解 方法1 将结点视为自由体，将杆件视为约束：

5 个结点，每个结点 2 个自由度，$n = 5 \times 2 = 10$；

7 根杆，每根杆起一个约束作用，$c = 7$；

平面自由结构，$c_{\min} = 10 - 3 = 7$；

$f = c - c_{\min} = 7 - 7 = 0$，满足必要条件。

方法 2 将杆件视为自由体，将结点视为约束：

7 根杆，每根杆 3 个自由度，$n = 7 \times 3 = 21$；

5 个结点，结点 1,5 各为 2 个约束，结点 2,4 各为 4 个($c = 2(3-1)$)约束，结点 3 为 6 个($c = 2(4-1)$)约束，则 $c = 2 \times 2 + 2 \times 4 + 6 = 18$；

平面自由结构，$c_{\min} = 21 - 3 = 18$；

$f = c - c_{\min} = 18 - 18 = 0$，满足必要条件。

方法 2 与方法 1 结果一致，但方法 2 比方法 1 计算复杂，故我们推荐采用方法 1，即将结点视为自由体，杆件视为约束。

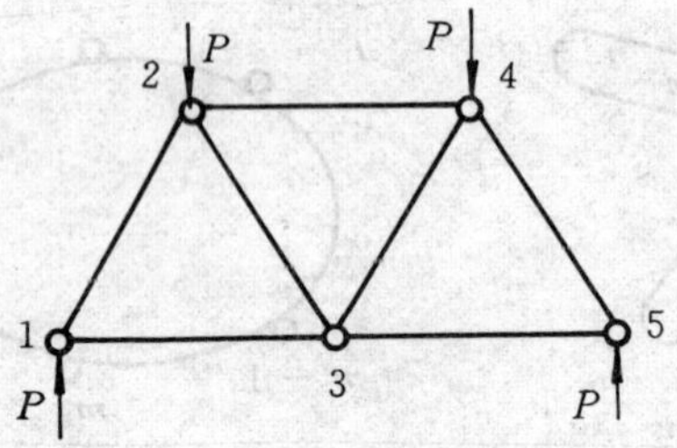

图 2-12 平面自由系统图

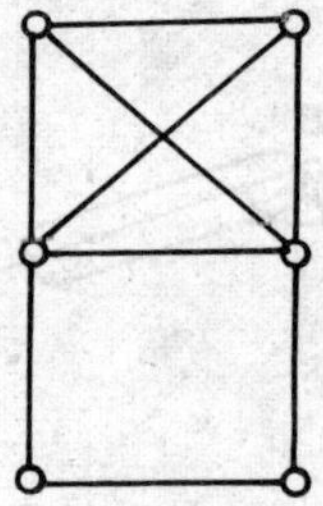

图 2-13 安排不合理系统

需要注意的是：$f \geqslant 0$ 仅为系统几何不变的必要条件，如图 2-13 所示桁架系统 $f = 9 - (2 \times 6 - 3) = 0$，但元件安排不合理，局部几何可变。

几何不变的充分必要条件应是：元件足够且安排合理。

要判断系统的几何不变性就必须：

(1) 检查系统是否满足 $f \geqslant 0$，若不满足此条件，系统肯定为几何可变的。

(2) 在满足条件(1)时，检查系统各元件及约束布置得是否合理，即系统中不允许有任何几何可变部分的出现。

几何不变结构中，$f = 0$ 为无多余约束结构，称静定结构；$f > 0$ 为有多余约束结构，称超静定结构。

2. 几何不变体的组成规律

因为平面一个单铰相当于两个约束，而一根连杆相当于一个约束，因而两根杆子的作用相当于一个单铰。定义实铰为两杆的交点，虚铰为两杆延长线的交点。

将平面内的刚体称为刚片，局部几何不变系统、杆、基础等均可视为刚片，则几何不变系统组成规则如下：

平面三刚片规则：三个刚片之间用不在同一直线上的铰(实铰或虚铰)两两相连，组成无多余约束的几何不变体系(见图 2-14)。

图 2-14(a) 所示铰接三角形,每一根杆件均视为一个刚片,每两个刚片间均用一个铰相连,以结点作为自由体,杆作为约束,显然其 $f=3-(6-3)=0$。假定刚片 Ⅰ 不动(可看成是基础),则刚片 Ⅱ 只能绕铰 A 转动,其上的 C 点只能在以 A 为圆心,以 AC 为半径的圆弧上运动;同理,刚片 Ⅲ 只能绕铰 B 转动,其上的 C 点又只能在以 B 为圆心,以 BC 为半径的圆弧上运动;但是刚片 Ⅱ、Ⅲ 又用 C 铰相连,铰 C 不可能同时以两个圆心沿不同的圆弧运动,只能在两个圆弧的交点处固定不动,于是各刚片之间不可能发生相对运动。因此,图 2-14(a) 的系统是无多余约束、几何不变的基本平面桁架结构。当然,三刚片规则同样适应图 2-14(b) 所示的更一般情况。

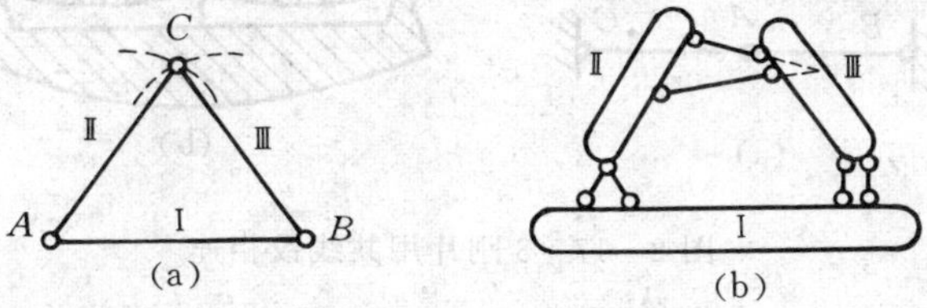

图 2-14 三刚片规则

由三刚片规则,我们可以得出以下推论:

推论 1(两刚片规则) 两个刚片用一个铰和一根不通过此铰的连杆相连(见图 2-15(a)),或两个刚片用 3 根不全平行也不交于一点的连杆相连(见图 2-15(b)、(c)),则组成无多余约束的几何不变体系。

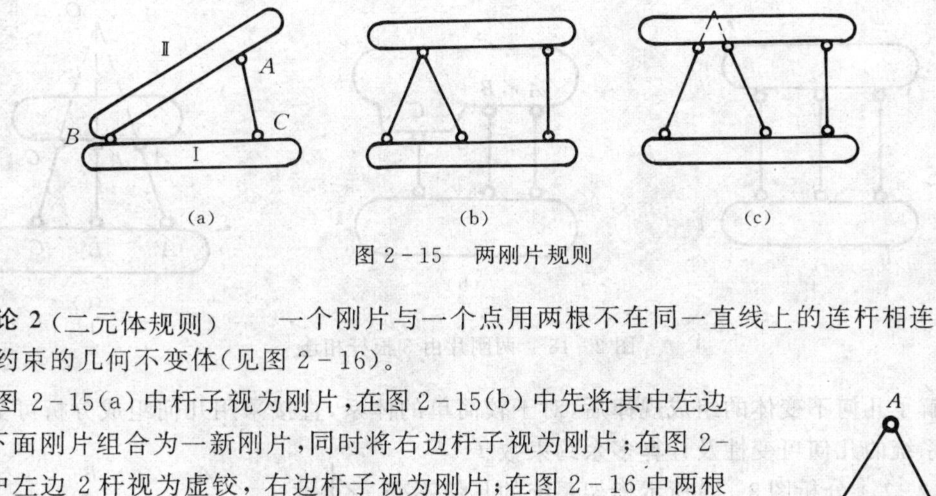

图 2-15 两刚片规则

推论 2(二元体规则) 一个刚片与一个点用两根不在同一直线上的连杆相连,则组成无多余约束的几何不变体(见图 2-16)。

将图 2-15(a) 中杆子视为刚片,在图 2-15(b) 中先将其中左边 2 杆与下面刚片组合为一新刚片,同时将右边杆子视为刚片;在图 2-15(c) 中左边 2 杆视为虚铰,右边杆子视为刚片;在图 2-16 中两根杆子均视为刚片,不难看出以上几种情况均可视为图 2-14 的特例。

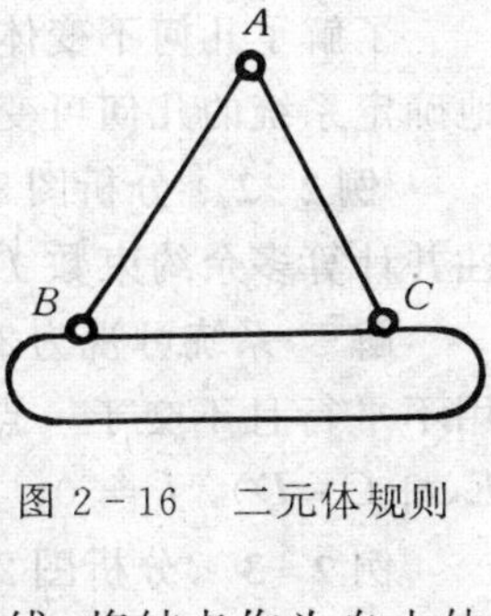

图 2-16 二元体规则

3. 瞬变体系的分析

瞬变体系的判别方法:若 3 刚片用有限远或无限远共线的 3 个实(虚)铰相连,则系统瞬变(见图 2-17)。

将图 2-17(a) 中的杆 AB 视为刚片 Ⅰ,杆 AC 视为刚片 Ⅱ,它们之间用铰 A 连接,两刚片与基础之间又分别由铰 B 和铰 C 连接,三铰共线。将结点作为自由体,

这个系统只有点 A 有可能发生运动，而点 A 是刚片 Ⅰ 和刚片 Ⅱ 的公共点。对 AB 而言，点 A 的运动只能发生在以点 B 为圆心，AB 为半径的圆弧切线方向上；同理，对 AC 而言，点 A 的运动只能发生在以点 C 为圆心，AC 为半径的圆弧切线方向上。由于 A，B，C 这 3 点是共线的，以 AB，AC 为半径作圆，此两圆在点 A 恰有公切线，这正是点 A 发生瞬时位移的方向，点 A 将沿此方向运动，即系统在这一瞬时是几何可变的。当点 A 经过一微小位移后，A，B，C 这 3 点不再共线，此时再分别以 B，C 为圆心，以 AB，AC 为半径作两个圆，已无公切线存在，点 A 不可能再发生运动，这时系统变成了几何不变的。

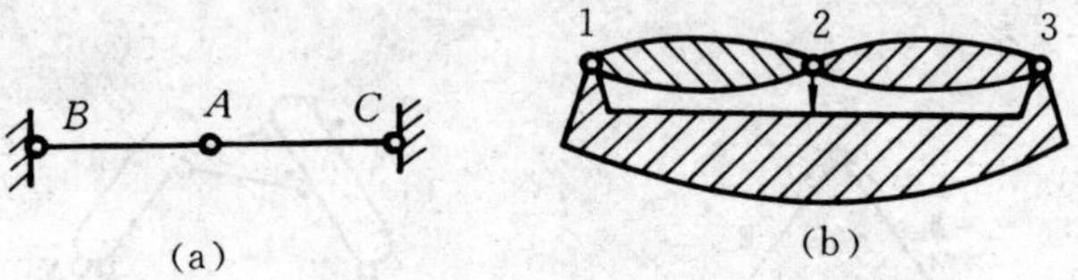

图 2-17　3 刚片用共线铰相连

图 2-18(a) 所示为两刚片由 3 根平行且等长的杆件连接，刚片 Ⅰ 与刚片 Ⅱ 相对移动后，3 条连杆仍然相互平行，运动可以继续发生，为几何可变。

图 2-18(b) 所示为两刚片由 3 根平行但不等长的杆件连接，刚片 Ⅰ 与刚片 Ⅱ 可作微小相对移动，移动后杆 3 就不再平行了，为瞬变系统。

图 2-18(c) 所示为连接刚片 Ⅰ 与刚片 Ⅱ 的杆 3 交于一点，两刚片可绕交点 O 转动，稍作转动后，杆 3 就不交于一点了，刚片不再继续移动下去，为瞬变系统。

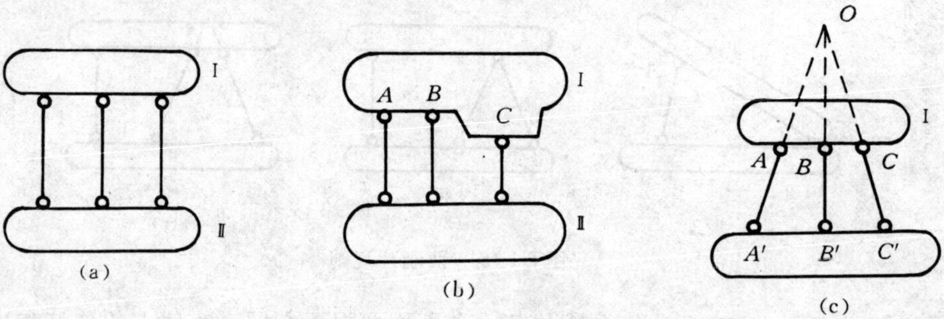

图 2-18　两刚片由 3 根杆相连

了解了几何不变体的组成规律后，对于较简单的体系，直接采用几何组成分析可更为简便地确定系统的几何可变性及计算多余约束数 f。

例 2-2　分析图 2-19 所示桁架系统的几何不变性并计算多余约束数 f。

解　系统可视为2个无多余约束的刚盘 Ⅰ 和 Ⅱ，用不平行且不交于一点的三杆连接（杆 $A-B$，杆 $A-E$，杆 $C-D$），$f=0$，几何不变。

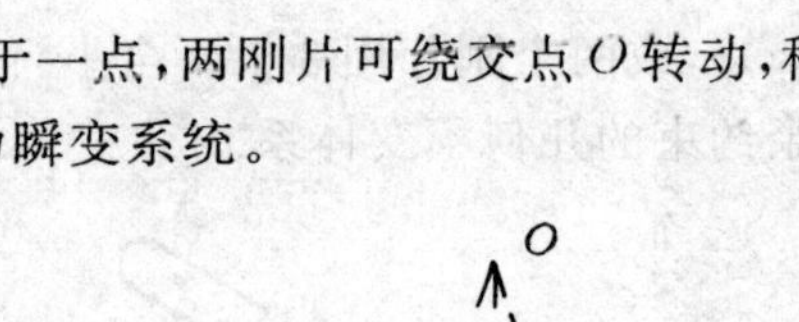

图 2-19　桁架系统

例 2-3　分析图 2-20 所示桁架系统的几何不变性并计算多余约束数 f。

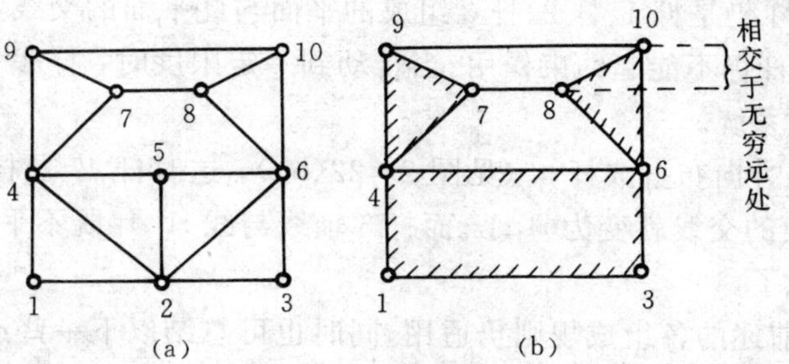

图 2-20　桁架系统

解　系统可视为3个无多余约束的刚盘，由实铰4，实铰6及杆3-8，杆9-10组成的相交于无穷远处的虚铰两两相连，$f=0$，但3铰共线，为瞬变系统。

在分析系统的组成是否合理时，可先设想一个组成的过程，从基础开始逐步进行检查。对于无基础相连的系统，可以将其中任一个元件看做基础，而将其它元件看做为此基础上的系统。如果没有不合理的约束，则系统是几何不变的。在分析时，对于几何不变性很明显的部分，可分别用刚盘或刚体来代替。

对于空间桁架，分析系统组成是否合理的方法与平面系统类似，须注意以下几点：

(1) 空间桁架系统，每个结点有3个自由度，每杆一个约束，故每增加一个结点，须用3根不在同一平面中的杆连接；

(2) 无多余约束，几何不变的基本空间桁架结构，是图2-21所示的由6根杆组成的四面体；

(3) 空间刚体的自由度数为6，如要其不可移动，则必须用6根不在同一平面中的不通过同一轴线的杆固定到基础上。

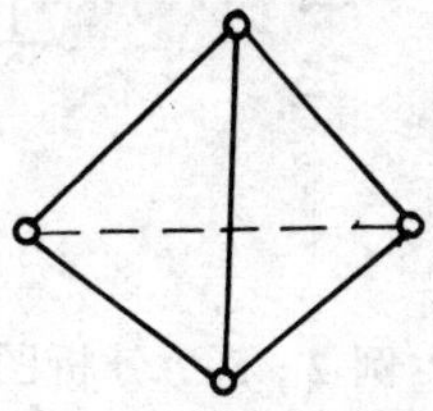

图 2-21　无多余约束的基本空间桁架结构

例 2-4　如图2-22(a)所示空间系统，用6根杆子固定一个机翼，试判断其几何不变性。

解　将机翼视为刚体，具有6个自由度，用6根杆子来固定就等于用了最少必须约束，$f=0$。

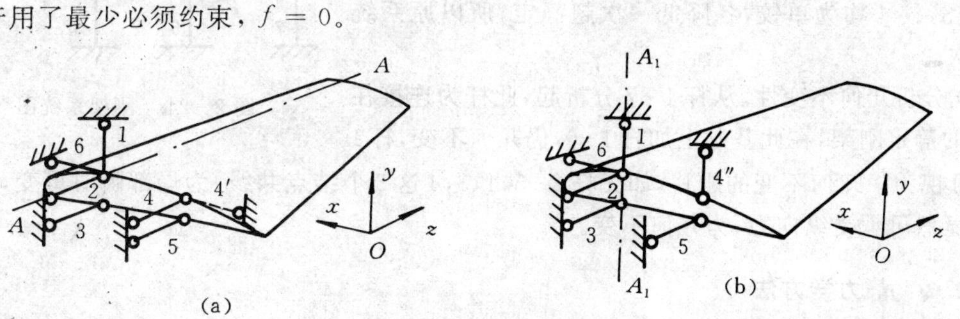

图 2-22　空间系统图

在图2-22(a)中杆1、杆2、杆3共面，杆4、杆6也共面，此两平面有一交线AA，而杆5的延长线与AA轴平行，相当于在无限远处相交。不难看出，当机翼绕AA轴转动时，各杆均不能起约束作用，整个机翼有一绕AA轴转动的自由度，故此系统为几何可变系统。

如果将图 2-22(a) 中杆 4 沿 x 方向布置(图 2-22(a) 中虚线所示),这时杆 $4'$、杆 6 仍在同一平面上,线 $A-A$ 仍是杆 1、杆 2、杆 3 组成的平面与此平面的交线,机翼仍可绕此轴发生微小转动,开始时各杆仍不能起约束作用。当转动到一定限度时,杆 $4'$ 就会起约束作用了。所以该系统为瞬时可变系统。

如果将杆 4 沿 y 方向布置成杆 $4''$(见图 2-22(b)),这时杆 $4''$ 及杆 6 所在的平面与杆 1、杆 2、杆 3 所在的平面的交线就变为 A_1A_1。而杆 5 轴线与线 A_1A_1 既不平行也不相交,所以系统就成为几何不变系统了。

对于刚架结构,前述的各组成规则仍适用,同时也可总结以下一些适应其刚架自身特点的规律:

(1) 以一杆为基础依次用固接结点连接各杆,组成无铰简单刚架,为静定的;

(2) 平面刚架每闭合一次增加 3 次静不定,空间刚架每闭合一次增加 6 次静不定;

(3) 在闭合刚架中每增加一个单铰降低一次超静定,每增加一个复杂铰(连接多根杆子的铰)降低 $m-1$(m 为所连接杆数)次超静定。

例如,图 2-23(a) 所示为一静定刚架,图 2-23(b) 所示为 12 次($f=4\times3=12$)静不定的刚架,图 2-23(c) 所示为 3 次($f=9-2\times1-2\times2=3$)静不定的刚架。

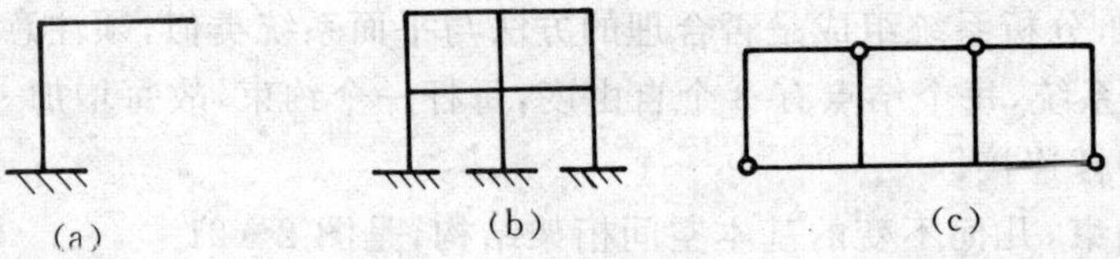

图 2-23　刚架系统图

例 2-5　分析图 2-24 所示刚架系统的几何不变性并计算多余约束数 f。

解　(1) 计算多余约束数。设想如果所有铰接处均为刚接,则系统变为一封闭 3 次的刚架,此时 $f=9$,而原系统的铰 1 为一连接 3 根杆的复杂铰,降低 $3-1=2$ 次超静定,铰 2,铰 3,铰 4 均为单铰,各降低一次超静定,所以原系统 $f=4$ 次。

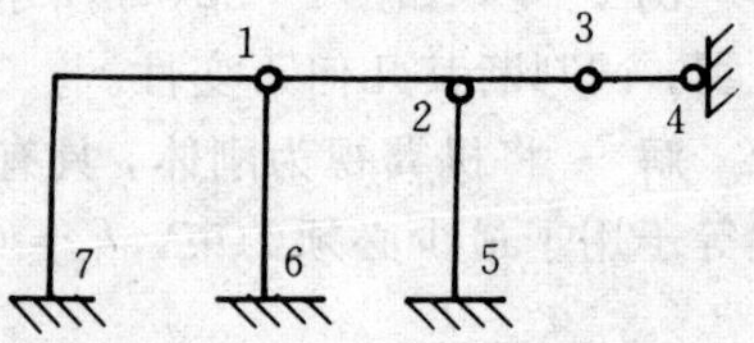

图 2-24　刚架系统图

(2) 分析几何不变性。从杆 1-7 分析起,此杆为连接在基础上的静定刚架,在此基础上加杆 1-6,仍几何不变,杆 1-7-6 可视为一几何不变的刚片,如无杆 2-5,1,3,4 这 3 个结点共线,为局部瞬时可变,加杆 2-5 后,显然可承受纵向力,为几何不变。

2.2.2　静力学方法

判断几何不变性的另一有效方法是平衡计算,即静力学方法。

结构是通过它的各元件的内力来平衡(传递)外载荷,只有几何不变的结构才能承力和传力;反之,只有承力和传力的结构才是几何不变的。

所谓静力学方法,就是通过检查系统是否能够提供有限大的内力来平衡给定的外载荷,间接地检查系统是否几何不变。

如图 2-25 所示简单桁架，杆与水平线的夹角为 β，在结点上受与水平线垂直的外力 P 的作用。在 P 的作用下，两杆内分别产生内力 N_1 和 N_2。

由 x 向平衡条件 $\sum X=0$，有

$$N_1=N_2=N$$

由 y 向平衡条件 $\sum Y=0$，有

$$N=\frac{P}{2\sin\beta}$$

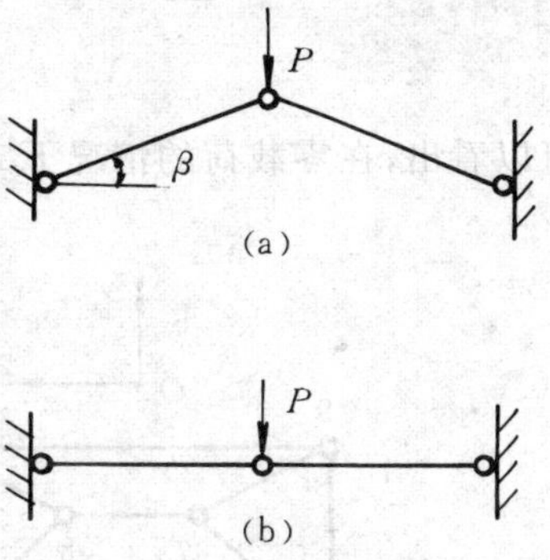

图 2-25　简单桁架

由上式可见，β 角越大，相同载荷 P 所引起的内力 N 就越小；反之，β 角越小，相同载荷 P 所引起的内力 N 就越大。当 $\beta=0$ 时，$N\to\infty$，表明在 β 很小的情况下，系统无法提供有限大的内力来平衡外载荷；在 N 很大的情况下，杆的伸长变形也很大，系统的弹性变形会使 β 增大而 N 减小。这就是说，在施加 P 的瞬间，系统无法提供足够的内力平衡外力，因而产生很大的几何变形，但在几何变形达到一定值时，系统的内力可以与外力平衡，几何变形不再扩大，根据定义，此属于瞬变系统。

再进一步讨论检查几何不变性的静力学方法。以平面桁架为例，当将杆视为约束，结点视为自由度时，每根杆与 1 个约束相当，有一个未知力；每个结点有 2 个自由度，对应每个自由度可以建立 1 个静力平衡方程。这样，如果总的约束数等于总自由度数，即总的未知力数与总的平衡方程数相等，这是内力有惟一解的必要条件。其充分条件是：所有静力平衡方程为线性独立（线性不相关）的。

满足内力惟一解的充分必要条件是静定结构，此结构是几何不变且不可移动的。

如果约束数少于自由度数，即未知力数少于平衡方程数，无内力解，系统是几何可变或可移动的。

如果约束数多于自由度数，即未知力数多于平衡方程数，有无穷多解，为超静定系统，建立附加的条件后可获得内力的惟一解。

如对图 2-25 桁架系统 $\beta=0$ 情况直接列平衡方程，显然，由 Y 向平衡条件只能有 $P=0$，即此时系统是不能承载的。我们还可看出，对于 $\beta=0$ 情况，当外力为零时，$N_1=N_2=N$ 为任何值时其 X 方向平衡条件均能满足，$\beta\neq 0$。当外力为零时，$N_1=N_2$ 只能为零。由此可以引出一个瞬时可变系统的判别方法 —— 零载荷法，即：

对于静定结构，当外载荷为零时，结构所有元件的内力必须为零。反之，如在零载下系统元件的内力不全为零，则为瞬时可变系统。

例 2-6　用零载荷法分析例 2-3 的几何不变性。

解　将桁架分成为 3 个分离体，如图 2-26 所示。拆开后，原来的内力现在表现为外力的形式。根据作用力和反作用力的平衡，它们应各自大小相等，方向相反。

由底部桁架部分可以建立 3 个平衡方程，即

$$\sum X=0,\quad \sum Y=0,\quad \sum M_0=0$$

由此 3 个方程解出

$$H_4=H_6,\qquad V_4=V_6=0$$

再分析桁架的左上部分，由平衡条件 $\sum M_7=0$，可得

$$N_1 = H_4 \frac{b}{a}$$

再由平衡条件 $\sum X = 0$，得

$$N_2 = N_1 + H_4 = H_4 \frac{a+b}{a}$$

可以看出，在零载荷的情况下 $H_4 = H_6$ 是任意值均能保持平衡，因此，系统为瞬时可变的。

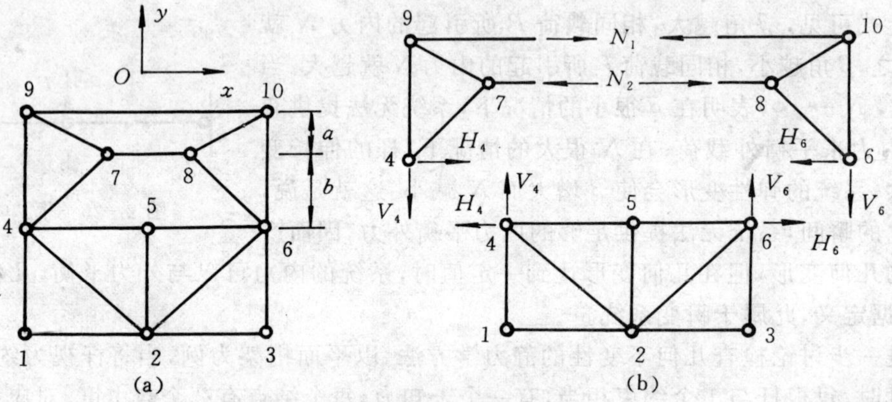

图 2-26　分离系统

由此例可见，当用静力学方法检查系统的几何不变性时，需要进行内力分析，实际上内力分析与几何不变性是同步进行的。有关静定结构内力的分析方法，我们将在第 3 章中详细讨论。

运动学方法适用于较为简单的结构，静力学方法则可以适用于复杂的结构。

习　　题

2-1　分析图 2-27 所示平面桁架的几何不变性，计算系统的多余约束数。

2-2　分析图 2-28 所示平面刚架和混合杆系的几何不变性，计算系统的多余约束数。

2-3　两个盒段的空间固定情况如图 2-29(a) 和 (b) 所示，试分析其几何不变性。

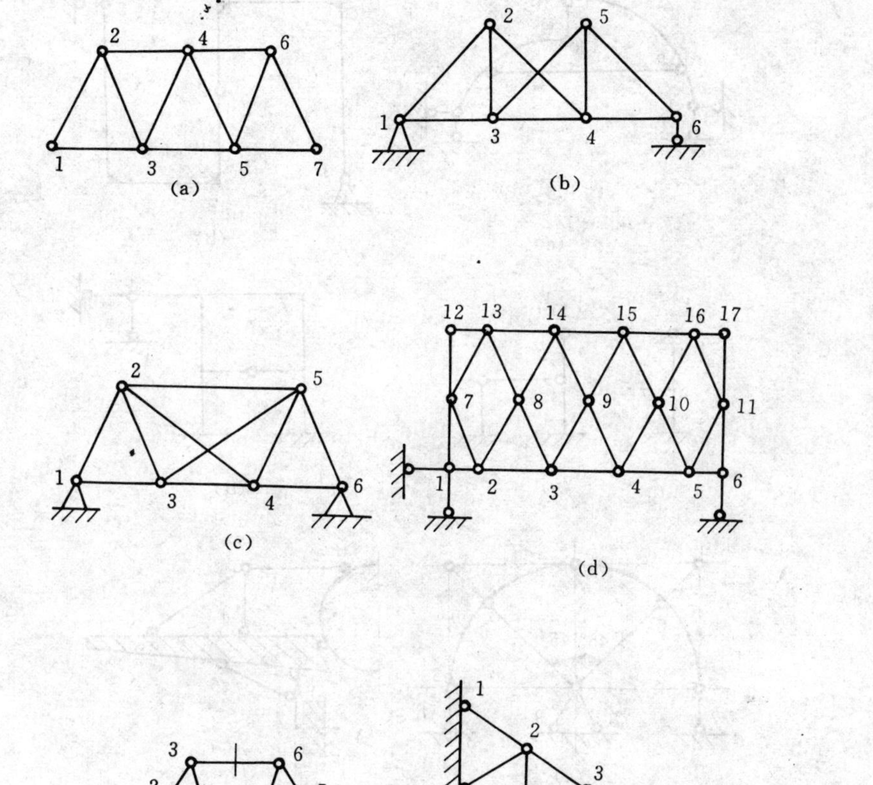

图 2-27

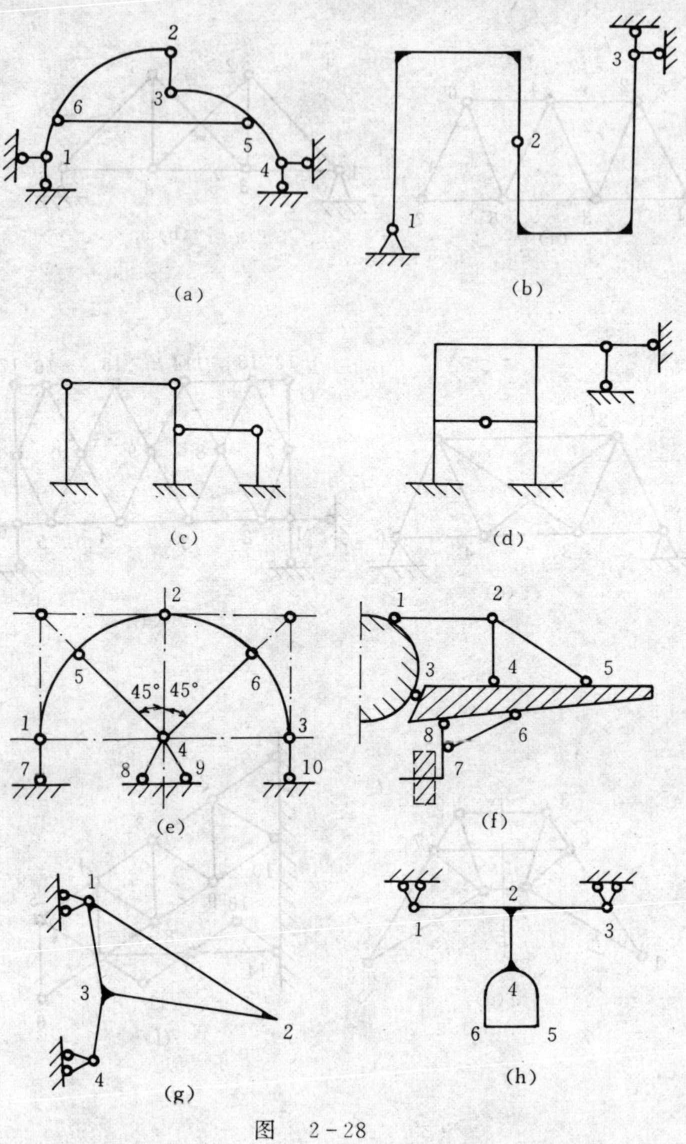

图 2-28

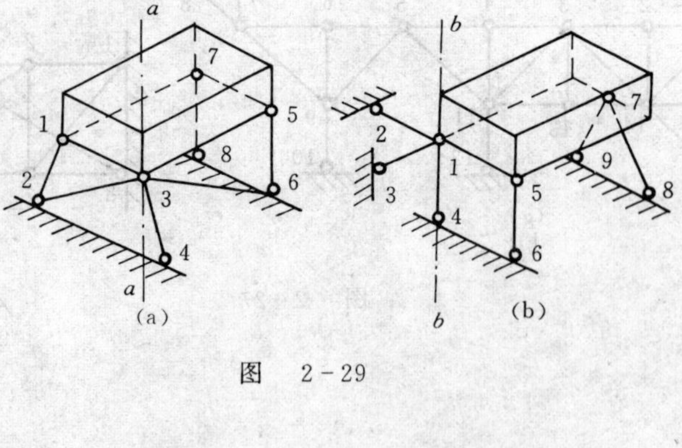

图 2-29

第3章　静定结构的内力与变形

3.1 概　　述

本章研究的对象为没有多余约束的几何不变系统，即静定结构。对于没有多余约束的结构，可列出的静力平衡方程式数目等于方程组中包含的未知力数目。又由于结构必须满足几何不变性的要求，使得结构在任意外载荷作用下都能处于平衡状态，因此作为方程组未知数的结构内力为有限值，而且仅用平衡方程可以求得。

静定结构内力计算方法的要点是：适当地选取隔离体，正确地运用平衡条件计算约束反力及各个杆件的内力。

静定结构的内力计算是结构位移计算和超静定结构计算的基础，因此熟练地掌握静定结构的内力计算方法、在静力分析的基础上深入了解各种结构的力学性能和结构的合理形式，在结构力学的全部学习过程中至关重要。

3.2 静定桁架的内力

桁架是由某些杆系结构经过简化而得到的计算模型，桁架的特点是：

(1) 各元件均为直杆；

(2) 各杆均用两端没有摩擦的理想铰链相连接；

(3) 杆的轴线通过铰心，称铰心为桁架的结点；

(4) 载荷仅作用在结点上。

由于理想的铰链没有磨擦力，故不能传递力矩，因而在载荷仅作用于结点时，各杆都只受到两端结点的作用力，并且在此二力作用下处于平衡。可见组成桁架的杆件均为“二力杆”，即杆子两端受到大小相等，方向相反，沿着杆轴线的两个力的作用。杆子的横剖面上只有轴力，此轴力就是所要计算的桁架内力。

静定桁架是一种没有多余约束的结构，只要将桁架分解为若干自由体和约束物。用未知力代替约束的作用，对所有自由体列出全部的静力平衡方程式，这时所得方程式数目和其中包含的未知力数目相等，由于结构的几何不变性，方程组有惟一解。当解出联立方程组的全部未知数时，就得到了桁架各杆的内力。

在实际分析计算时，可运用下述较为简便的几种方法。

1. 结点法

结点法是:取单个结点为自由体,去掉结点周围的约束并用未知力代替。这样,结点就在作用于其上的外力和未知力共同作用下平衡。由于这些力交于一点(结点),是共同力系,利用平衡条件就可求出结点上的未知力。

对平面桁架,结点平衡方程有2个,即

$$\sum X = 0, \qquad \sum Y = 0$$

对空间桁架,结点平衡方程有3个,即

$$\sum X = 0, \qquad \sum Y = 0, \qquad \sum Z = 0$$

其中 X, Y, Z 表示作用于结点上各力在 x, y, z 坐标轴方向的投影(分力)。

因为对于每个结点,可以建立2个(平面桁架)或3个(空间桁架)平衡方程,一般我们总是先找出连接只有2根未知力的杆(平面桁架)或3根未知力的杆(空间桁架)的结点,从该结点出发,逐点求出各杆的内力。

2. 截面法

截面法是:用某个截面将桁架的一部分切出,取出切出部分为分离体,并用未知力代替切开处约束的作用。这样,切开几根杆子就有几个未知力,而对切出的分离体,由于几何不变性的缘故可以看成是刚体,刚体在外载荷和未知力作用下处于平衡。

对于平面问题,分离体可列出3个平衡方程,即

$$\sum X = 0, \qquad \sum Y = 0, \qquad \sum M = 0$$

对于空间问题,分离体可列出6个平衡方程,即

$$\sum X = 0, \qquad \sum Y = 0, \qquad \sum Z = 0$$

$$\sum M_X = 0, \qquad \sum M_Y = 0, \qquad \sum M_Z = 0$$

显然,截面法比结点法增加的方程为力矩平衡方程。

因为对于每个截面,可以建立3个(平面桁架)或6个(空间桁架)平衡方程。一般我们总是先截取只有3根未知力的杆(平面桁架)或6根未知力的杆(空间桁架)的截面逐步求解。

以平面问题为例,当有下列情况之一时,结点周围未知力的杆子可以在3根以上。

(1) 除所需求内力之杆外,其余各杆均彼此平行。此时可由向平行各杆垂直方向列写平衡方程,求出该杆内力。

(2) 除所需求内力之杆外,其余各杆均交于一点。此时可由向交点列力矩平衡方程,求出该点内力。

将内力为零的杆称为零力杆。在分析静定结构时,事先识别零力杆,可以使分析快捷。根据平衡条件,可以得到识别零力杆的规则为:

(1) 平面结点只有不共线的2杆或空间结点只有不共面的3杆相连,且结点上无外载作用(见图3-1),则与该结点相连的所有杆的轴力都等于零。

(2) 平面结点有3杆相连且其中有2杆共线,或空间结点有 n 杆相连且其中有 $(n-1)$ 杆共面,结点上又无外载荷作用(见图3-2),则不共线或不共面的杆的轴力等于零。

例3-1 用结点法求图3-3(a)所示平面桁架在载荷 P 作用下的内力。

解 (1) 根据桁架结构组成规则,此桁架为没有多余约束的几何不变结构。

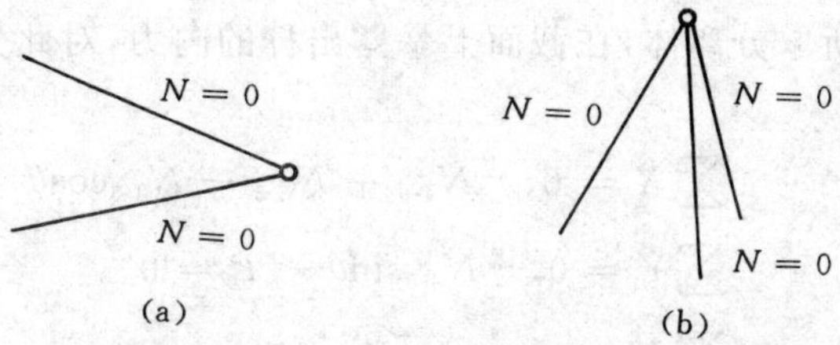

图 3-1　平面结点不共线的 2 杆和空间结点不共面的 3 杆相连

(a) 平面结点；(b) 空间结点

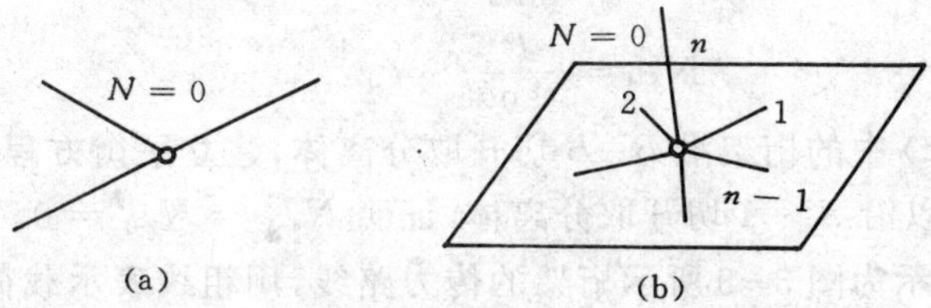

图 3-2　平面结点有杆 3 相连且其中有杆 2 共线、空间结点有杆 n 相连且其中有杆$(n-1)$共面

(a) 平面结点；(b) 空间结点

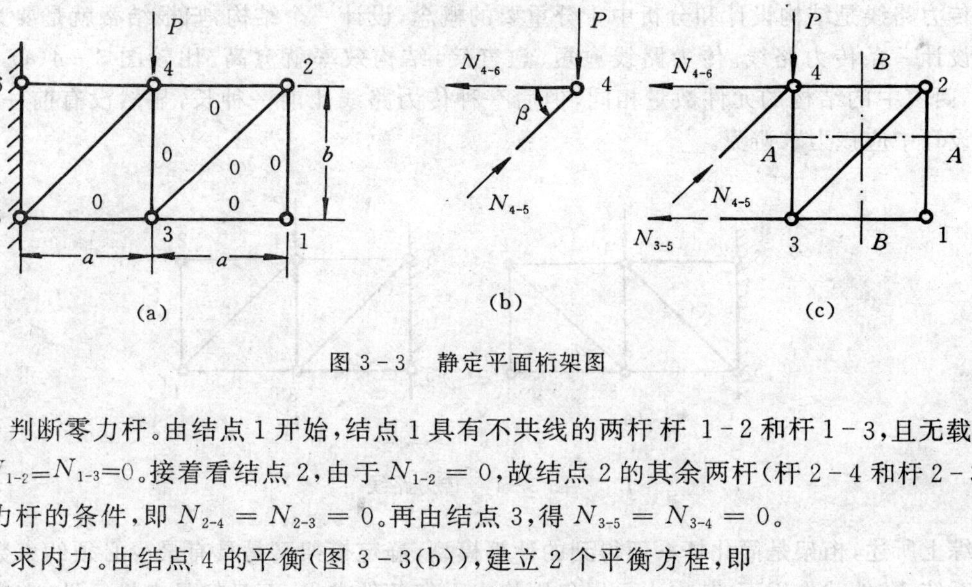

图 3-3　静定平面桁架图

(2) 判断零力杆。由结点 1 开始，结点 1 具有不共线的两杆杆 1-2 和杆 1-3，且无载荷作用，故 $N_{1-2}=N_{1-3}=0$。接着看结点 2，由于 $N_{1-2}=0$，故结点 2 的其余两杆(杆 2-4 和杆 2-3)也符合零力杆的条件，即 $N_{2-4}=N_{2-3}=0$。再由结点 3，得 $N_{3-5}=N_{3-4}=0$。

(3) 求内力。由结点 4 的平衡(图 3-3(b))，建立 2 个平衡方程，即

$$N_{4-5}\cos\theta = N_{4-6}$$

$$N_{4-5}\sin\theta = P$$

于是

$$N_{4-5} = \frac{P}{\sin\theta}$$

$$N_{4-6} = N_{4-5}\cos\theta = \frac{P}{\tan\theta}$$

例 3-2　用截面法求例 3-1 的内力。

解　图 3-3(c) 给出所取分离体，在截面上暴露出杆的内力，对此分离体建立 3 个平衡方程，即

$$\sum X = 0,\quad N_{4\text{-}6} + N_{3\text{-}5} - N_{4\text{-}5}\cos\theta = 0$$

$$\sum Y = 0,\quad N_{4\text{-}5}\sin\theta - P = 0$$

$$\sum M_4 = 0,\quad N_{3\text{-}5}b = 0$$

于是

$$N_{3\text{-}5} = 0$$

$$N_{4\text{-}5} = \frac{P}{\sin\theta}$$

$$N_{4\text{-}6} = \frac{P}{\tan\theta}$$

如果对图 3-3(c) 中的桁架沿 $B-B$ 切开取分离体，建立平衡方程，不难证明 $N_{2\text{-}4}$，$N_{2\text{-}3}$ 和 $N_{1\text{-}3}$ 均等于零。还可以沿 $A-A$ 切开取分离体，证明 $N_{4\text{-}3} = N_{2\text{-}1} = 0$。

如图 3-4(a) 所示为图 3-3 所示桁架的传力路线，用粗线表示载荷 P 作用下受力的杆件，用细线表示不受力的杆件(零力杆)。 由图可见， 载荷 P 是通过杆 4-5 和杆 4-6 这两根杆传递到基础上去的，这两杆在传递载荷的过程中自身受力。杆 4-5 和杆 4-6 也就组成了载荷 P 的传力路径，称其为传力路线。

传力路线是结构设计和分析中十分重要的概念，设计一个结构，归根结蒂就是要为给定的载荷设计一条传力路线。传力路线愈短、愈直接，结构效率就愈高。比较图 3-4(a) 与图 3-4(b)，两图中的结构的元件数量相同，但后一种传力路线比前一种长，显然没有前一种合理，结构设计中应该力求避免。

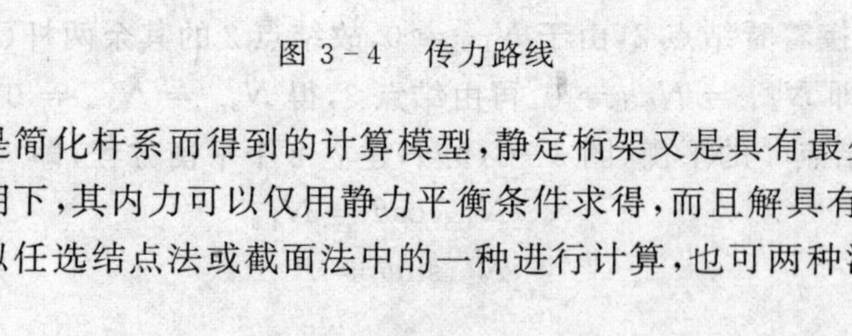

图 3-4　传力路线

综上所述，桁架是简化杆系而得到的计算模型，静定桁架又是具有最少必须约束数的几何不变系统。在外载作用下，其内力可以仅用静力平衡条件求得，而且解具有惟一性。在实际计算时，针对具体情况可以任选结点法或截面法中的一种进行计算，也可两种混合使用。

3.3　静定刚架的内力

刚架也是由某些杆系结构简化得到的计算模型，刚架的特点是：

(1) 各元件可以是直杆或曲杆；

(2) 两元件之间用理想刚性接头连接；

(3) 载荷可以作用于刚架的任何部位。

所谓理想刚性接头是指连接元件之间在接头处不产生相对位移(包括线位移和角位移)，而且接头没有多余约束。

所谓不产生相对位移是指在载荷作用下，结构各元件产生弹性变形，各杆之间保持连续且角度保持不变。

由于刚架元件之间的连接为刚接，刚性接头除了可以传递轴力以外，还可以传递剪力，弯矩和扭矩。

刚架的结构特点决定其在任一截面处都可能同时存在有几种类型的内力。如图 3-5 所示。对于平面刚架的某截面可能有 3 种内力，即轴力 N，剪力 Q，弯矩 M，如图 3-5(a) 所示。对于空间刚架的某截面，可能有 6 种内力，即轴力 N，剪力 Q_x 和 Q_y，弯矩 M_x 和 M_y，扭矩 M_z，如图 3-5(b) 所示。这些内力对确定的截面来说，只可能有两个方向，以正负号加以区别，如果规定某一方向为正，则另一方向就为负。例如取一段元件为对象(见图 3-5(c))，习惯上规定，轴力 N 以元件段受拉为正；剪力 Q 以使元件段顺时针转向为正；扭矩以其矢量箭头向外为正，对于弯矩，由于找不到一个确切的标准，不规定其正负而将弯矩图画在受压的一侧。

刚架内力的计算通常采用截面法，即在所求内力处将刚架截开，用未知力代替去掉的另一部分对截取部分的作用。下面通过例题来说明。

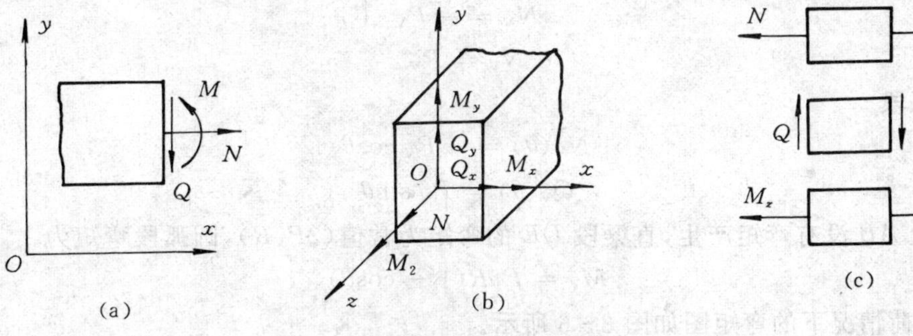

图 3-5　刚架内力及方向示意图

例 3-3　分析图 3-6 所示平面刚架分别在 P_H，M 和 P_V 作用下的内力。

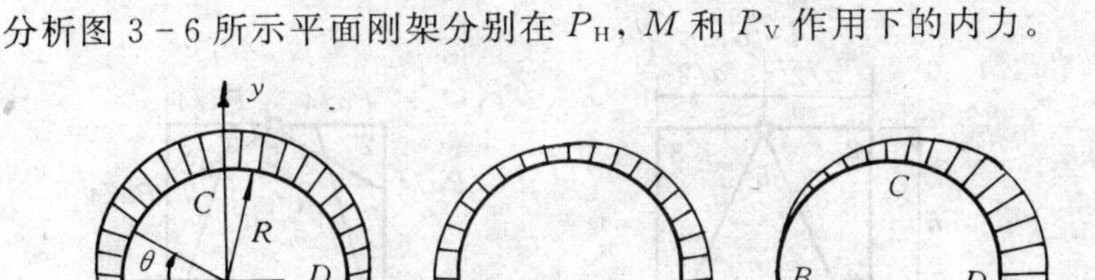

图 3-6　平面刚架结构图

解　(1) 固接在基础上的平面无封闭刚架，$f=0$。

(2) 在水平载荷 P_H 的作用下：

直梁段 AB 和 DE 的轴力均为零，剪力 Q_H 为常值

$$Q_H = P_H$$

圆弧段$\overset{\frown}{BCD}$的轴力和剪力为

$$N_H(\theta) = P_H \sin\theta$$

$$Q_H(\theta) = P_H \cos\theta$$

AB 段的弯矩呈线性变化

$$M_H = P_H y$$

当 $y = R$，即在 B 点处

$$M_H = P_H R$$

在圆弧段

$$M_H(\theta) = P_H R + P_H R\sin\theta = P_H R(1 + \sin\theta)$$

(3) 在集中力矩 M 的作用下：

任一剖面上的弯矩都是 M，保持为常值

$$M_M = M$$

(4) 在载荷 P_V 的作用下：

直梁段 AB 和 DE 的任一剖面中，剪力 Q_V 为零，轴力 N_V 为常值

AB 段 $$N_V = -P_V$$

DE 段 $$N_V = P_V$$

在圆弧段

$$N_V(\theta) = -P_V \cos\theta$$

$$Q_V(\theta) = P_V \sin\theta$$

直梁段 AB 没有弯矩产生，直梁段 DE 的弯矩为常值($2P_V R$)，圆弧段弯矩为

$$M_V = P_V R(1 - \cos\theta)$$

3 种载荷情况下的弯矩图如图 3-6 所示。

例 3-4 分析图 3-7(a) 所示刚架内力

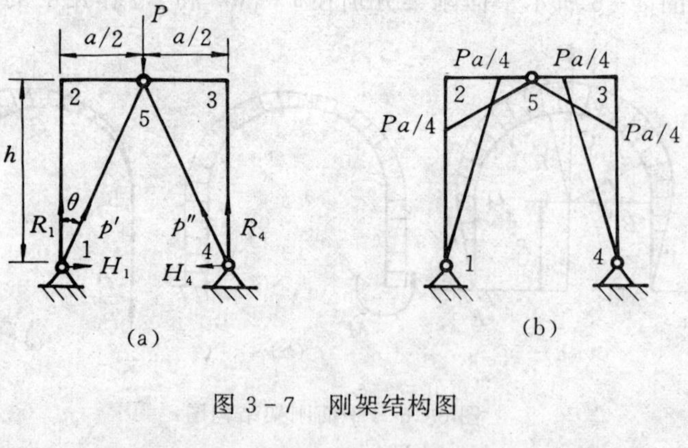

图 3-7 刚架结构图

解 (1) 结构可视为 3 刚盘用不共线 3 铰连接，无多余约束的几何不变结构。

(2) 对称结构

$$\sum X = 0, \quad H_1 = H_4 = H$$

$$\sum Y = 0, \quad R_1 = R_4 = R = \frac{P}{2}$$

(3) 解法 1　取一半刚架

$$\sum M_5 = 0, \quad H \cdot h = \frac{P}{2} \times \frac{a}{2}$$

则

$$H = \frac{Pa}{4h}$$

解法 2　在平面力系中，3 力必汇交于 1 点，考虑铰处无弯矩的条件，支反力 P'，P'' 汇于点 5，即

$$P'\cos\theta = R = \frac{P}{2}$$

$$P' = \frac{P}{2\cos\theta}$$

$$H = P'\sin\theta = \frac{P}{2}\tan\theta = \frac{Pa}{4h}$$

弯矩图如图 3-7(b) 所示。

例 3-5　计算图 3-8 所示空间半圆型刚架结构的弯矩和扭矩，外载 P 的方向为 y 轴负向，M 的矢量方向为 x 轴正向。

解(1) 固接在基础上的空间无封闭刚架，$f = 0$。

(2) 任一角度 θ 取矩：

1) 力 P 作用下

$$M(\theta) = PR\sin\theta$$
$$M_T(\theta) = PR(1 - \cos\theta)$$

2) 弯矩 M 作用下

$$M(\theta) = -M\cos\theta$$
$$M_T(\theta) = -M\sin\theta$$

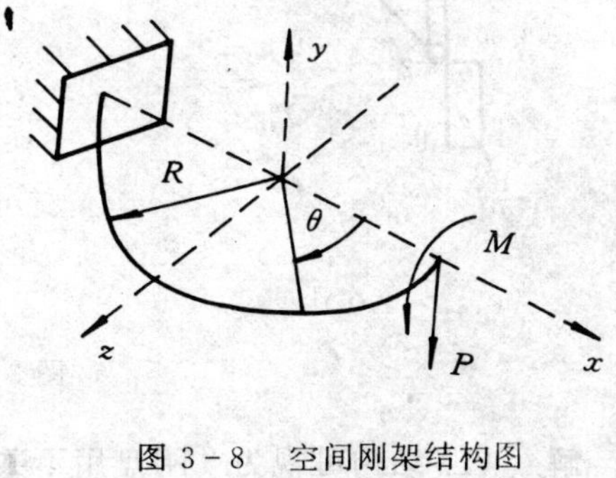

图 3-8　空间刚架结构图

(3) 综合力矩

$$M(\theta) = PR\sin\theta - M\cos\theta$$
$$M_T(\theta) = PR(1 - \cos\theta) - M\sin\theta$$

3.4　静定混合杆系的内力

在实际工程结构中，常常会遇到由桁架和刚架共同组成的混合杆系结构。

对于混合杆系，属于桁架部分的元件只有轴力；属于刚架部分的元件中既有轴力，也有剪力、弯矩和扭矩。

用于桁架及刚架的基本原理和方法均适用于混合杆系的组成及内力计算，下面通过例题来说明。

例 3-6　图 3-9(a) 所示是由支柱式起落架简化而得的计算模型，已知：$\alpha = 30°$，$\beta =$

45°。试求其内力并作力图。

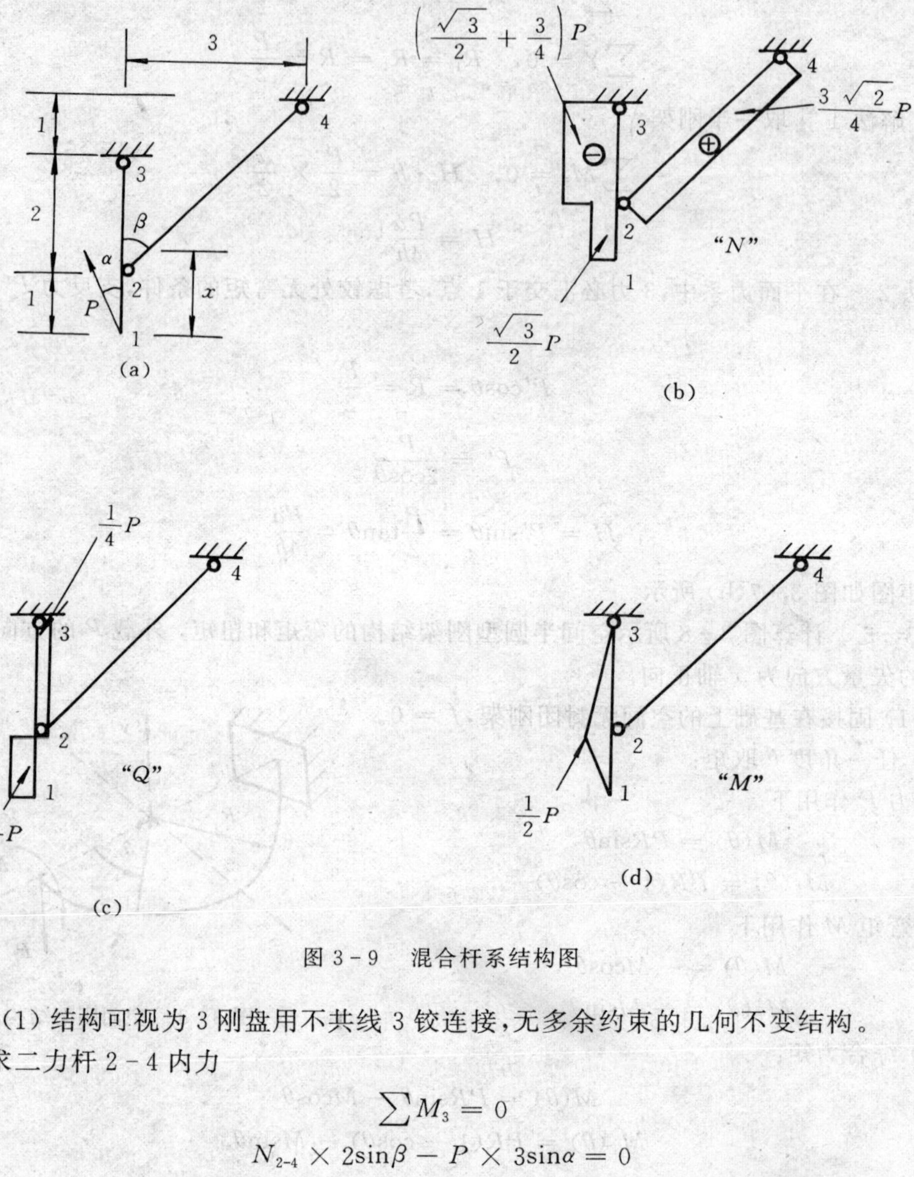

图 3-9　混合杆系结构图

解　(1) 结构可视为 3 刚盘用不共线 3 铰连接，无多余约束的几何不变结构。

(2) 求二力杆 2-4 内力

$$\sum M_3 = 0$$

$$N_{2\text{-}4} \times 2\sin\beta - P \times 3\sin\alpha = 0$$

则

$$N_{2\text{-}4} = \frac{3}{2} \times \frac{\sin\alpha}{\sin\beta}P = \frac{3}{2} \times \frac{1}{2} \times \frac{2}{\sqrt{2}}P = \frac{3\sqrt{2}}{4}P$$

(3) 求杆 1-2-3 内力

12 段　$$Q = P\sin\alpha = \frac{1}{2}P$$

$$N = -P\cos\alpha = -\frac{\sqrt{3}}{2}P$$

$$M = P\sin\alpha \times x = \frac{1}{2}Px$$

23 段

$$Q = P\sin\alpha - N_{2\text{-}4}\sin\beta = P\left(\frac{1}{2} - \frac{3\sqrt{2}}{4}\frac{\sqrt{2}}{2}\right) = -\frac{1}{4}P$$

$$N = -(P\cos\alpha + N_{2\text{-}4}\cos\beta) = -P\left(\frac{\sqrt{3}}{2} + \frac{3\sqrt{2}}{4}\frac{\sqrt{2}}{2}\right) = -\left(\frac{\sqrt{3}}{2} + \frac{3}{4}\right)P$$

$$M = P\sin\alpha x - N_{2\text{-}4}\sin\beta(x-1) = P\left(\frac{1}{2}x - \frac{3\sqrt{2}}{4} \times \frac{\sqrt{2}}{2}(x-1)\right) = \left(-\frac{1}{4}x + \frac{3}{4}\right)P$$

绘制力图如图 3-9(b),(c),(d) 所示。

3.5 静定结构的位移

结构在载荷作用下会发生变形，结构上各点的位置也会发生相应的移动或转动，这些移动或转动称为结构的位移。

基于余虚功原理的单位载荷法是计算结构位移的一种常用方法，而作为结构分析基础的能量原理在《飞行器结构力学》① 中有详细介绍，本节将仅由余虚功原理入手，着重讨论用单位载荷法求解静定结构的位移的计算方法。

3.5.1 余虚功原理(虚力原理)

1. 广义力与广义位移

任何一个或一组相互有关的力，如果可以用一个代表量来表示它，则称它为一个广义力，与此广义力相对应的位移称为广义位移。广义力与广义位移的乘积具有功的量纲。

如图 3-10 所示的 3 种线弹性元件上，分别作用有广义力 P(集中力)，M_X(扭矩)，M_Y(弯矩)，对应的广义位移则为 Δ(线位移)，φ(扭转角) 及 θ(弯曲转角)。这时外载荷所做的功分别为

拉伸 $$W = \frac{1}{2}P\Delta$$

扭转 $$W = \frac{1}{2}M_x\varphi$$

弯曲 $$W = \frac{1}{2}M_Y\theta$$

2. 应变能与余能

以图 3-11(a) 所示杆件为例，设杆件为理想弹性体，横截面积为 A，长度为 L，在静力作用下，杆的轴向力由零增加到最终值 N，杆件的变形也由零增加到 Δ。外力所做的功为

$$W = \int_0^\Delta N\mathrm{d}\Delta \tag{3-1}$$

以 σ 表示应力，ε 表示应变，由 $N = \sigma A$, $\Delta = \varepsilon L$, $\mathrm{d}\Delta = L\mathrm{d}\varepsilon$，有

$$W = AL\int_0^\varepsilon \sigma\mathrm{d}\varepsilon \tag{3-2}$$

当物体承受外载而变形时，载荷所做的功以能量的形式存于弹性体内，当外力去掉后，存

---

① 王生楠主编．西安：西北工业大学出版社，1998

于弹性体内的能量又全部释放出来，使弹性体恢复原形。弹性体变形后具有的做功能力，称为应变能。对于理想弹性体来说，应变能等于外力所做的功

$$U = W \tag{3-3}$$

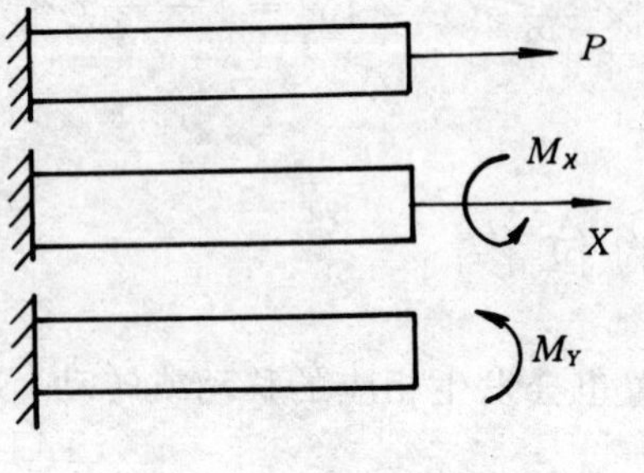

图 3-10　线弹性元件

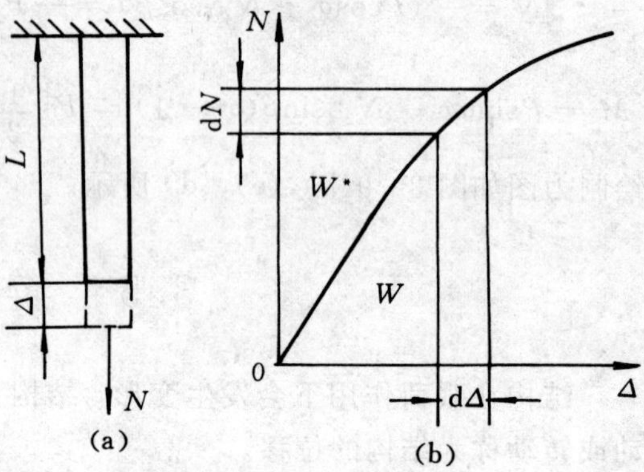

图 3-11　理想弹性体杆件

则 3-11(a) 图杆件的应变能为

$$U = \int_0^{\Delta} N \mathrm{d}\Delta = AL\int_0^{\varepsilon} \sigma \mathrm{d}\varepsilon \tag{3-4}$$

图 3-11(b) 曲线表示物体在外力 N 作用下，外力与位移的关系。曲线下面的面积表示了外力所做的功或物体所具有的应变能。将曲线上面的面积所代表的功量，称之为物体的余能 U^*。

图 3-11(a) 杆件的余能为

$$U^* = \int_0^{N} \Delta \mathrm{d}N = AL\int_0^{\sigma} \varepsilon \mathrm{d}\sigma \tag{3-5}$$

应该注意，应变能的自变量为"位移"或"应变"，余能的自变量为"力"或"应力"。余能并无物理意义，它仅仅是为了使用方便而定义的一个数学量而已。但可以证明，余能同样服从工程结构中的能量守恒原理，因而，通过它来建立一种能量方法供实际分析使用是正确的。

3. *虚功原理与余虚功原理*

虚功原理(虚位移原理)：当弹性体在外力作用下处于平衡状态时，对任意为位移边界条件所允许的虚位移，外力所做的虚功(δW) 等于变形体的虚应变能(δU，也称内力虚功)。

$$\delta W = \delta U \tag{3-6}$$

这里，虚位移定义为：假想的、满足约束条件的、任意的、微小的位移。它仅仅是想像中可能发生而实际上未必发生的一种可能位移，一种由约束条件所限定的几何概念，与系统是否受力无关。即只要满足系统的变形连续条件和边界条件的任何一种微小的位移，都可以作为虚位移。

虚位移的微小目的，在于不影响系统的几何关系，保持力不变。可以设想虚位移是在外力引起的实位移基础上，再增加的一种微小位移。位移函数的这种微量变化在数学意义上视为"变分"，以符号"δ"表示。如图 3-12(a) 所示的双支点梁，它的边界条件是

$$y|_{x=0} = 0, \qquad y|_{x=L} = 0$$

其中，y 表示梁的挠度。

按照虚位移的要求，一切满足上述边界条件的微小位移都可以作为虚位移。因此，图3-12(b)，(c)，(d)表示的几种形式的函数，均可作为虚位移，以 δy_i 表示，则

$$\delta y_1 = \delta A_1 \sin \frac{\pi x}{L}$$

$$\delta y_2 = \delta A_2 \sin \frac{n\pi x}{L} \qquad n = 2, 3, \cdots$$

$$\delta y_3 = \delta A_3 \left(1 - \frac{x}{L}\right) \frac{x}{L}$$

式中 δA_1，δA_2 及 δA_3 均为微小的常数。

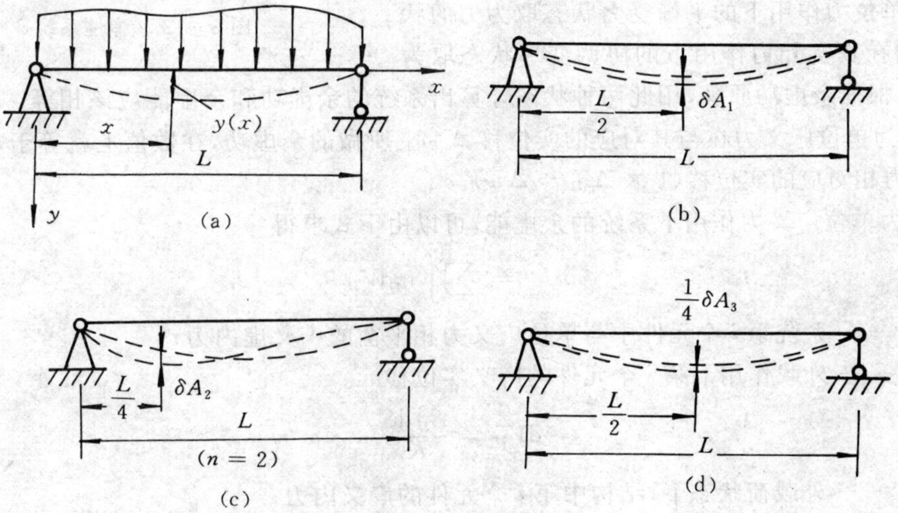

图 3-12　双支点梁

虚功定义为：发生虚位移的过程中，系统中原有的外力与内力在相应的虚位移上所做的功。

因为在虚位移过程中力保持不变，所以在虚功的表达式中就没有系数“1/2”，虚功等于实力与虚位移的乘积，即

$$\delta W = P\delta\Delta$$

余虚功原理（虚力原理）：当弹性体在外力作用下处于协调的变形状态时，对任何满足平衡条件和应力边界条件的虚力或虚应力，它们在变形弹性体上所做的余虚功（δW^*）等于弹性体的余虚应变能（δU^*）。

$$\delta W^* = \delta U^* \tag{3-7}$$

这里，虚力定义为：在变形协调的弹性体上，外力发生任意的、满足力的边界条件的、微小的改变。

余虚功定义为：虚外力在真实位移上所做的功。

3.5.2　单位载荷法

1. 单位载荷法

单位载荷法是用于确定系统变形的一种常用方法，它可以根据余虚功原理推导出来。

图 3－13 为一弹性系统，当 m 点上并无外力作用时，为了计算该点的位移，可以在 m 点施加相应的虚的单位广义力。在施加单位广义力时，可以完全不考虑该系统上是否有实外力的存在，它作为一个独立的外力施加于结构的 m 点上，并与结构的内力及支反力构成平衡关系。虚单位广义力作用下的受力状态一般称为“单位状态”，以〈1〉状态表示。真实外力作用下的受力状态一般称为“外载荷状态”，以〈P〉状态表示。

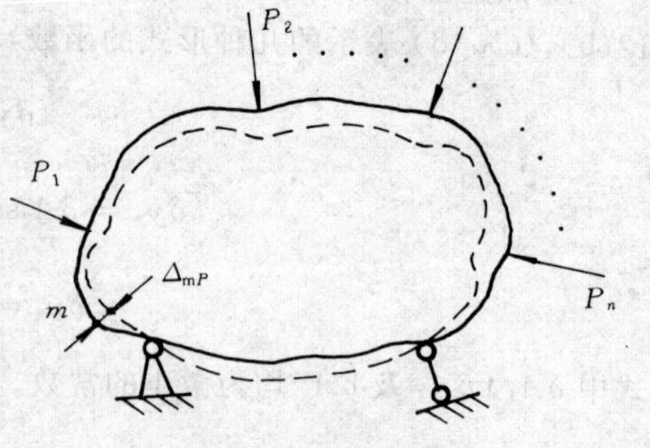

图 3－13　弹性系统

将虚单位力作用下的平衡受力状态取为力的状态；将结构在真实外力作用下的协调变形状态取为位移状态。根据余虚功原理，用此两种状态计算出系统的余虚功和余虚能应该相等。

δW^* 为单位广义力在与其对应的实位移 Δ_{mP} 上所做的余虚功，在数值上就等于 m 点处和单位广义力相对应的实位移（$1 \times \Delta_{mP} = \Delta_{mP}$）。

δU^* 为单位广义力作用下系统的余虚能，可以由下式求得

$$\delta U^* = \sum \int \overline{S}_{i1} \mathrm{d}V_{iP} \tag{3-8}$$

式中　$\overline{S}_{i1}$ —— 系统第 i 个元件中与单位广义力相平衡的广义虚内力；

$\mathrm{d}V_{iP}$ —— 外载作用下第 i 个元件的广义实位移

$$\mathrm{d}V_{iP} = \frac{S_{iP}\mathrm{d}S}{K_i} \tag{3-9}$$

式中　S_{iP} —— 外载荷状态下，结构中第 i 个元件的广义内力；

K_i —— 第 i 个元件的刚度系数。

于是

$$\Delta_{mP} = \sum \int \overline{S}_{i1} \mathrm{d}V_{iP} \tag{3-10}$$

单位载荷法计算结构位移的普遍公式为

$$\Delta_{mP} = \sum \int \frac{\overline{S}_{i1} S_{iP} \mathrm{d}s}{K_i} \tag{3-11}$$

对于桁架结构

$$\Delta_{mP} = \sum \frac{\overline{N}_{i1} N_{iP} L_i}{(EA)_i} \tag{3-12}$$

对于刚架结构

$$\Delta_{mP} = \sum \int \frac{\overline{M}_1 M_P \mathrm{d}S}{EJ} \tag{3-13}$$

式中　E —— 弹性模量；

J —— 截面惯性矩。

2. 图形互乘法

用单位载荷法计算结构位移时，经常遇到 $\int \overline{N}_1 N_P \mathrm{d}s$ 形式的积分。其中 $\overline{N}_1$ 与 N_P 都是 S 的函数，并且 N_P 或 $\overline{N}_1$ 两者之一是线性变化的。在这种情形下，可以导出一种较为简便的计算方法，

称为图形互乘法。

设 N_1，N_2 都是 x 的函数，且 N_1 和 N_2 两者中至少有一个为直线变化，如图 3 - 14 所示。设 $\mathrm{d}\Omega$ 表示 N_1 图中微面积 $N_1\mathrm{d}x$，则积分

$$\int_0^L N_1N_2\mathrm{d}x = \int_{L_1}^{L_2} N_2\mathrm{d}\Omega$$

由图 3 - 14 可知，$N_2 = x\tan\alpha$，则

$$\int_0^L N_2N_1\mathrm{d}x = \int_{L_1}^{L_2} x\tan\alpha\mathrm{d}\Omega = \tan\alpha\int_{L_1}^{L_2} x\mathrm{d}\Omega$$

而 $\int_{L_1}^{L_2} x\mathrm{d}\Omega$ 表示力图 N_1 的面积 Ω 对 y 轴的静矩，所以

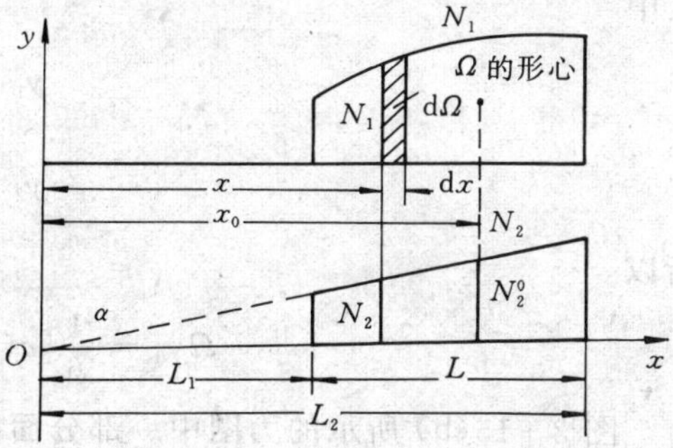

图 3 - 14　图形互乘法示意图

$$\int_{L_1}^{L_2} x\mathrm{d}\Omega = \Omega x_0$$

而 x_0 表示 N_1 图面积 Ω 的形心到 y 轴的距离，于是

$$\int_0^L N_1N_2\mathrm{d}x = \Omega x_0\tan\alpha = \Omega N_2^0$$

式中，N_2^0 是力图 N_2 在力图 N_1 的面积 Ω 的形心处对应的纵坐标，即

$$N_2^0 = x_0\tan\alpha$$

由以上推导可知：当〈1〉状态内力图 $\overline{N}_1$ 为直线变化时，〈P〉状态与〈1〉状态内力乘积的积分，等于〈P〉状态的内力图面积 Ω 乘以 Ω 形心所对应的〈1〉状态内力的纵坐标；反之，当〈P〉状态内力图为直线变化时，也可以用〈1〉状态内力图的面积乘以它的形心所对应的〈P〉状态内力的纵坐标表达积分。

图形互乘法在应用时，必须注意到两个图形之中至少有一个为直线变化，否则不能利用此法。现讨论如图 3 - 15 所示的 3 种情况。

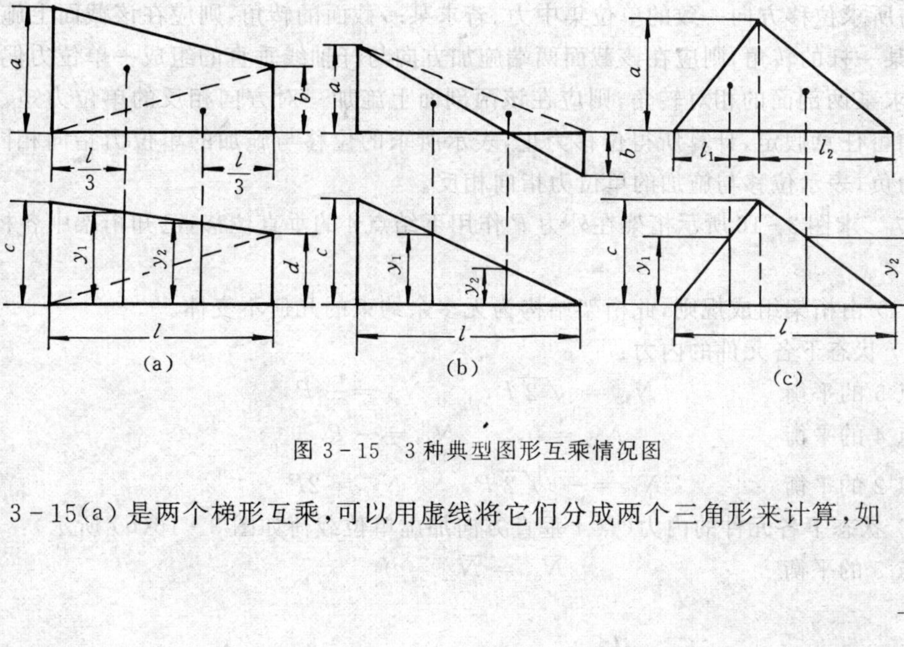

图 3 - 15　3 种典型图形互乘情况图

图 3 - 15(a) 是两个梯形互乘，可以用虚线将它们分成两个三角形来计算，如

$$\Omega y_0 = \frac{1}{2}aly_1 + \frac{1}{2}bly_2$$

其中

$$y_1 = \frac{2}{3}c + \frac{1}{3}d$$

$$y_2 = \frac{1}{3}c + \frac{2}{3}d$$

所以

$$\Omega y_0 = \frac{1}{6}[c(2a + b) + d(a + 2b)]$$

图 3-15(b) 所示的力图中一部分面积为正值，另一部分面积为负值。这时也可以用虚线形成两个三角形，两个三角形与其形心对应的纵坐标乘积之差即为所求的 Ωy_0，即

$$\Omega y_0 = \frac{1}{2}al \times \frac{2}{3}c - \frac{1}{2}bl \times \frac{1}{3}c = \frac{1}{6}c(2a - b)$$

图 3-15(c) 所示的力图中间有转折，则可以采用分段积分法计算。

$$\Omega y_0 = \frac{1}{2}al_1 \times \frac{2}{3}c + \frac{1}{2}al_2 \times \frac{2}{3}c = \frac{1}{3}ac(l_1 + l_2) = \frac{1}{3}acl$$

3.5.3 单位载荷法求静定结构位移

用单位载荷法求静定结构位移的步骤为：

(1) 在外载荷的作用下，求出结构的真实内力。此真实受力状态称为〈P〉状态。

(2) 在同一结构上，加上与所求位移相对应的单位载荷(单位广义力)，求出在此单位力作用下结构的相应内力，此状态称为〈1〉状态。

(3) 将＜P＞状态与＜1＞状态的内力代入式(3-11)或式(3-12)，即可求出相应的结构位移。

单位力的位置、类型和方向必须与所求的位移相对应。例如，若求某一点的线位移，则应在该点施加与所求位移方向一致的单位集中力。若求某一截面的转角，则应在该截面上施加单位力矩。若求某一杆的转角，则应在该截面两端施加方向与杆轴线垂直的组成一单位力偶的两个集中力。若求某两剖面的相对转角，则应在该两剖面上施加一对方向相反的单位力矩。至于单位力的指向可任意假定，计算所得位移为正，表示所求的位移与施加的单位力指向相同；计算所得位移为负，表示位移与施加的单位力指向相反。

例 3-7 求图 3-16 所示桁架在外力 P 作用下结点 4 的垂直位移，已知桁架中各杆的 EA 均相同。

解 (1) 由桁架组成规则，此桁架结构为无多余约束的几何不变体。

(2)〈P〉状态下各元件的内力：

由结点 5 的平衡 $N_{52} = \sqrt{2}P$， $N_{54} = -P$

由结点 4 的平衡 $N_{42} = 0$， $N_{43} = -P$

由结点 2 的平衡 $N_{23} = -\sqrt{2}P$， $N_{21} = 2P$

(3)〈1〉状态下各元件的内力(点 4 垂直方向加虚单位载荷如图 3-16(b) 所示)：

由结点 5 的平衡 $\overline{N}_{52} = \overline{N}_{52} = 0$

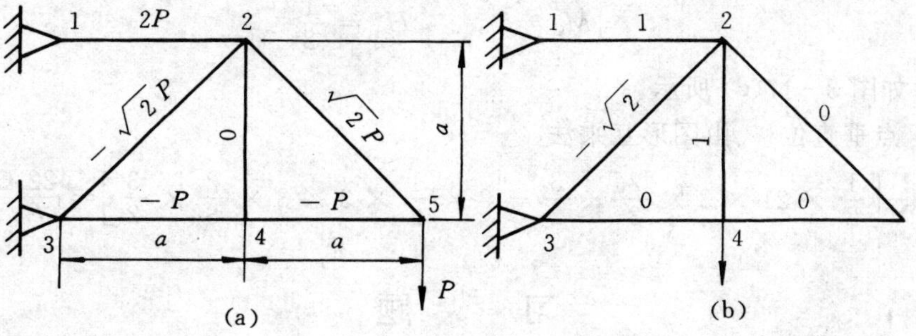

图 3-16　桁架结构图

由结点 4 的平衡　　$\overline{N}_{42}=1$，　$\overline{N}_{43}=0-P$

由结点 2 的平衡　　$\overline{N}_{23}=-\sqrt{2}$，　$\overline{N}_{21}=1$

(4) 点 4 垂直位移

$$\Delta_{4P}=\sum\frac{\overline{N}_1N_PL}{EA}=2(1+\sqrt{2})\frac{Pa}{EA}$$

例 3-8　求图 3-17 所示刚架结构点 C 的垂直位移 Δ_C，已知 EJ 为常数。

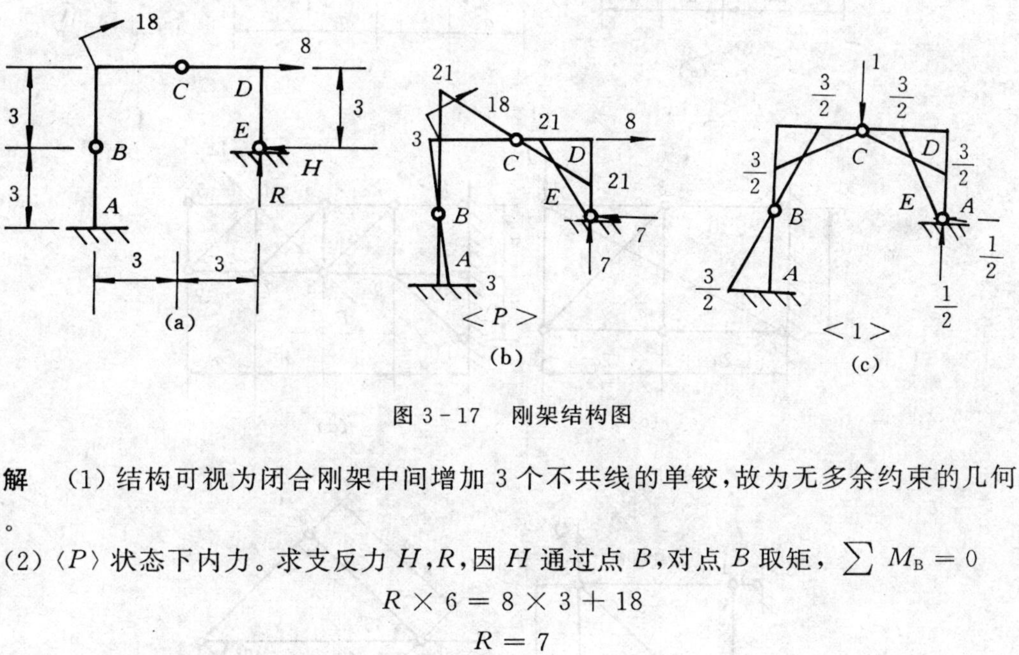

图 3-17　刚架结构图

解　(1) 结构可视为闭合刚架中间增加 3 个不共线的单铰，故为无多余约束的几何不变结构。

(2) 〈P〉状态下内力。求支反力 H,R，因 H 通过点 B，对点 B 取矩，$\sum M_B=0$

$$R\times 6=8\times 3+18$$

$$R=7$$

对点 C 取矩，$\sum M_C=0$

$$H\times 3=R\times 3$$

$$H=R=7$$

绘〈P〉力图(见图 3-17(b))。

(3)〈1〉状态内力。在 C 点上加垂直方向的虚单位载荷，如图 3-17(c) 所示

$$\sum M_B=0,\qquad R_1=\frac{1}{2}$$

$$\sum M_C = 0, \qquad H_1 = \frac{1}{2}$$

〈1〉状态内力如图 3-17(c) 所示。

(4) 求 C 点垂直位移。由图形互乘法

$$\Delta_C = \frac{1}{EJ}\left[\frac{1}{2}\times 21\times 3\times\frac{2}{3}\times\frac{3}{2} - 2\times\frac{1}{2}\times 3\times 3\times\frac{2}{3}\times\frac{3}{2}\right] = \frac{22.5}{EJ}\ (\downarrow)$$

习　题

3-1　判断图 3-18 各桁架的零力杆并计算各杆内力。

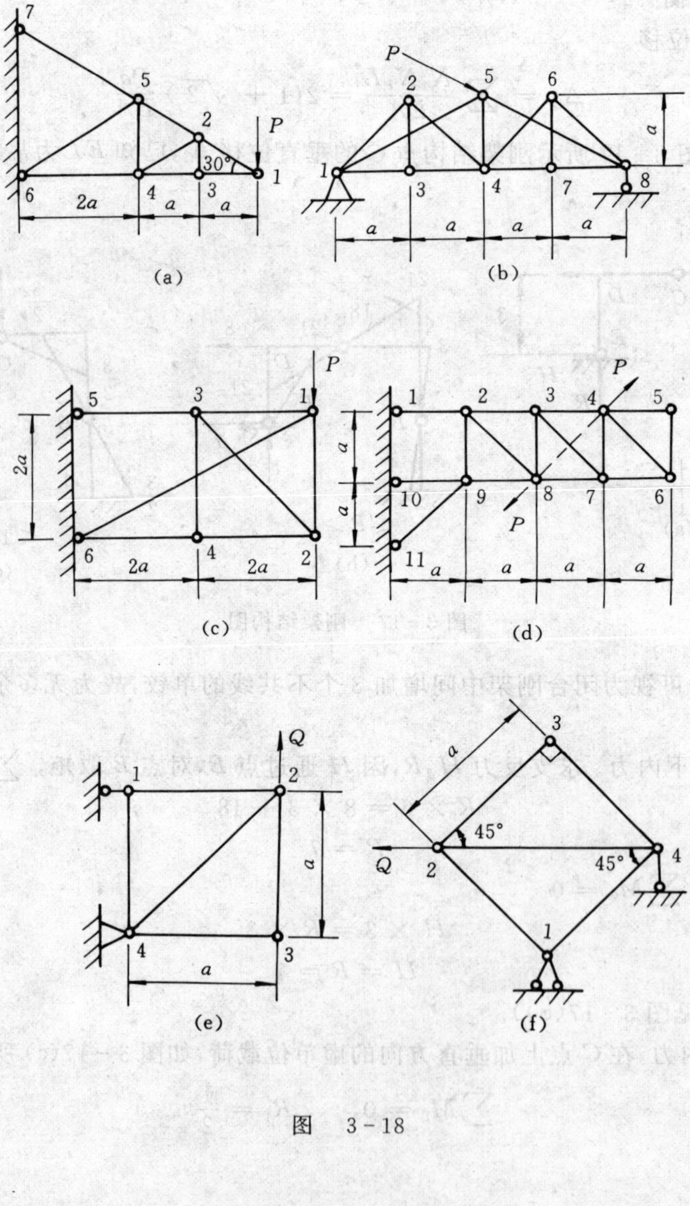

图　3-18

3-2　平面桁架的形状、尺寸和受载情况如图3-19所示，求桁架中3个指定元件的内力。

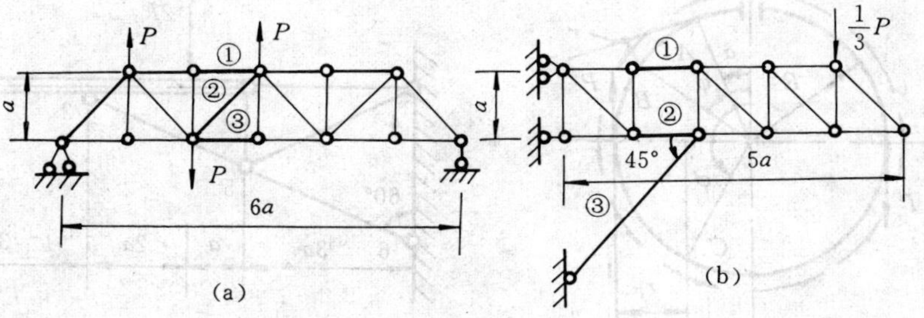

图　3-19

3-3　平面刚架的形状、尺寸及受载情况如图3-20所示，求刚架的弯矩和图3-20(d)的扭矩，并作出弯矩(扭矩)图。

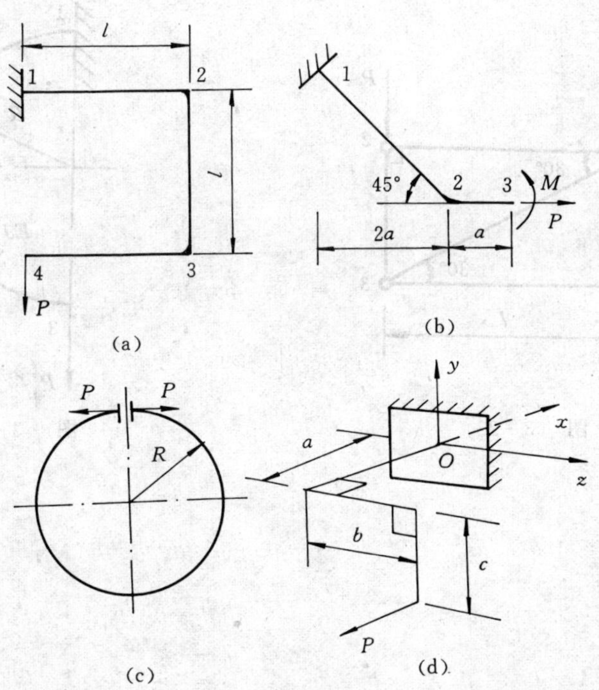

图　3-20

3-4　上端开口的圆形刚框(见图3-21)半径为R，在两侧与水平对称轴相交的框上作用有方向相反的力P。P力形成的扭矩由沿框均匀分布的常剪流$q=\dfrac{P}{\pi R}$来平衡，求框的弯矩并作弯矩图。计算时只考虑弯曲变形的影响。

3-5　平面混合杆系计算模型的几何尺寸及受载情况如图3-22所示，求结构内力并作内力图。

3-6　平面桁架的形状、尺寸及受载情况如图3-23所示，桁架各杆的EA均相同，用单位载荷法求点3的垂直位移。

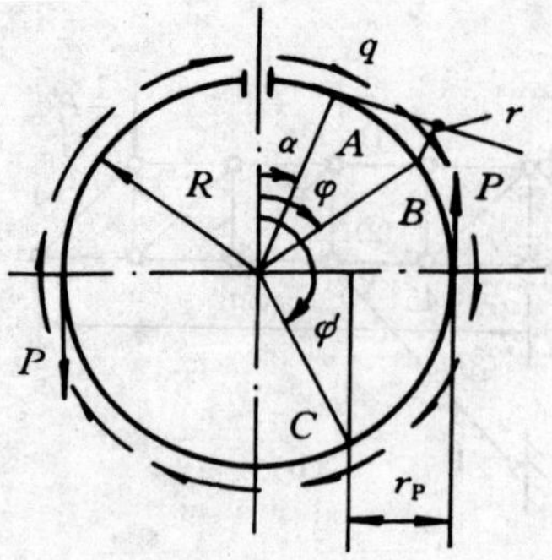

图 3-21

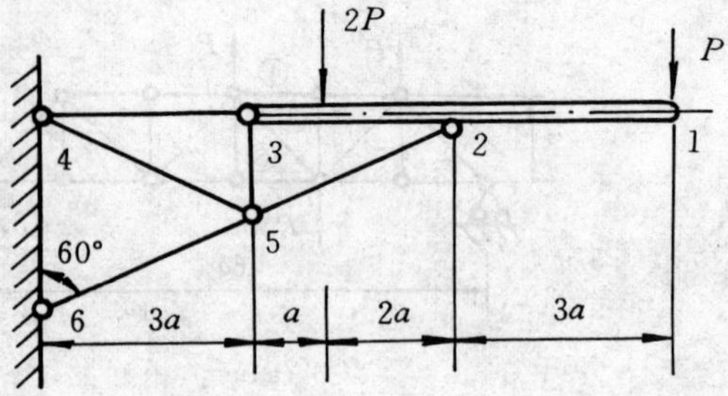

图 3-22

3-7 平面刚架的形状、尺寸及受载情况如图3-24所示，截面刚度为EJ，用单位载荷法求点2的垂直位移。

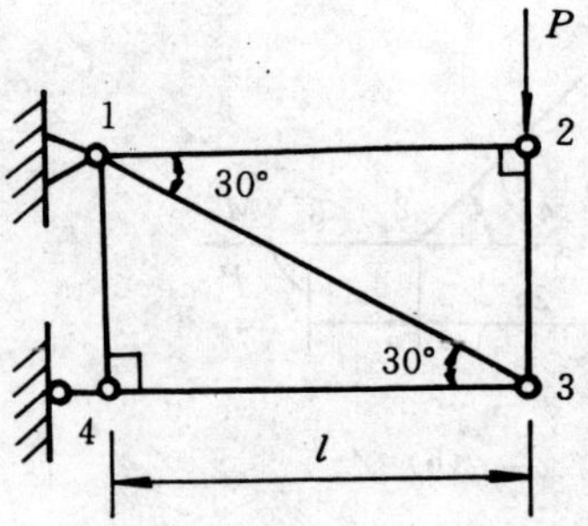

图 3-23

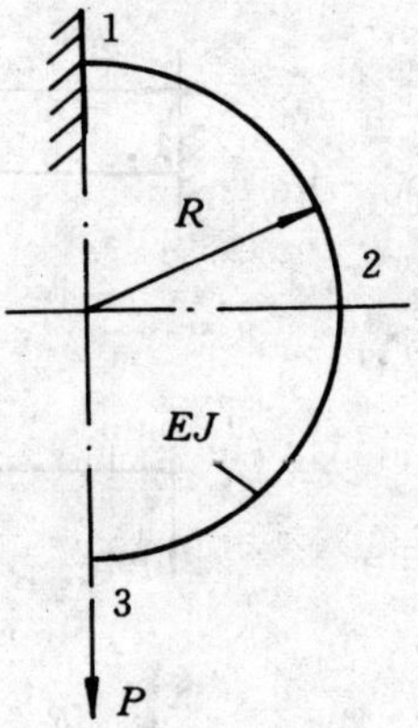

图 3-24

第4章 力　法

4.1 概　　述

我们知道，静不定结构的未知力数多于独立平衡方程式数，或者说，它的约束数多于自由度数。1次静不定结构具有1个多余未知力，n次静不定结构具有n个多余未知力。那么，在用力法求解内力时，未知力数多余可利用的静力平衡条件数，就不能单纯依赖静力平衡条件求解，必须利用附加条件，即变形协调条件。

力法是计算静不定结构内力与变形的一种计算方法。力法的基本未知量是力(指广义力)，在已求出力的基础上进而计算结构的位移。

4.2 力法原理及力法正则方程

以图4-1结构为例，这是一个2次静不定桁架结构，仅仅利用平衡条件求不出各元件的内力。让我们切开多余约束，将两斜杆分别在1与2处切开(见图4-1(b))，并在切口处标出多余未知力X_1与X_2。这时可以认为：外力P_1与P_2作用于静不定结构的受力状态与外力为P_1，P_2，X_1与X_2共同作用下，同时在切口1与切口2处满足变形连续条件下的受力状态是等价的。

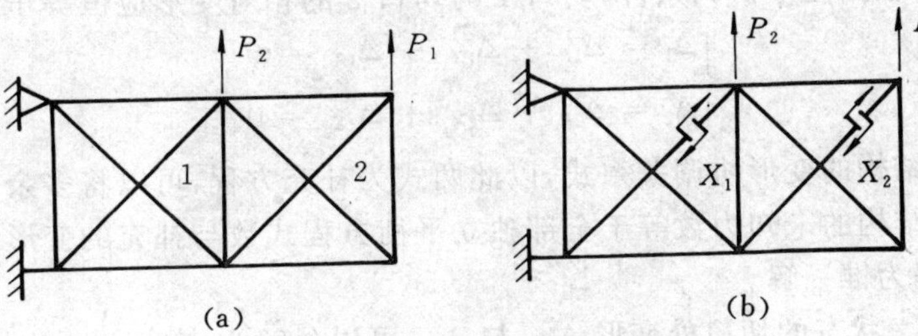

图4-1　2次静不定桁架结构

如果将去掉多余约束的系统称为基本系统，P_1，P_2，X_1与X_2都可以看成作用于基本系统上的外力。

由叠加原理：一线性弹性体在诸外力作用下产生的效应等于每个力单独作用下产生的效应之和。可知此结构的内力应该等于作用于结构上的实际外力P_1，P_2所引起的内力与多余未知力X_1与X_2所引起的内力的叠加。对结构i的内力N_i可以表示为

$$N_i = N_{iP} + N_{iX}$$

式中 N_{iP} —— 外力 P_1，P_2 作用于基本系统时第 i 个元件上产生的内力；

N_{iX} —— 多余未知力 X_1 与 X_2 作用于基本系统时第 i 个元件上所产生的内力。

引入符号 N_{i1} 表示当 $X_1=1$ 时，在基本系统中第 i 个元件上所产生的内力。显然，上式又可以表示为

$$N_i = N_{i1}X_1 + N_{i2}X_2$$

有 m 个元件的结构显然可以写出 m 个元件的内力表示式，则此例可以写出 11 杆的内力表达式为

$$\begin{cases} N_1 = N_{1P} + N_{11}X_1 + N_{12}X_2 \\ N_2 = N_{2P} + N_{21}X_1 + N_{22}X_2 \\ \vdots \\ N_{11} + N_{11,P} + N_{11,1}X_1 + N_{11,2}X_2 \end{cases}$$

当未知力 X_1 与 X_2 为已知时，结构各元件的内力便可以求出。

一般情况，设结构的静不定度等于 n，结构有 m 个元件，则可以写出 m 个元件的内力表达式

$$\left.\begin{aligned} N_1 &= N_{1P} + N_{11}X_1 + N_{12}X_2 + \cdots + N_{1n}X_n \\ N_2 &= N_{2P} + N_{21}X_1 + N_{22}X_2 + \cdots + N_{2n}X_n \\ &\vdots \\ N_m &= N_{mP} + N_{m1}X_1 + N_{m2}X_2 + \cdots + N_{mn}X_n \end{aligned}\right\} \tag{4-1}$$

一旦求得多余未知力 X_1，X_2，…，X_n，就可以在基本系统上用静力平衡方程求出原结构的全部内力和支反力。

多余未知力 X_1，X_2，…，X_n 的求解是通过变形协调条件。仍然讨论图 4-1 所示结构，基本系统的内力 N_P 可以按静力平衡条件求出，在切口 1 与 2 处的相对变形为 Δ_{1P} 及 Δ_{2P}。当多余未知力 X_1 作用于切口 1 时，在切口 1 处引起的相对变形为 Δ_{1X_1}，在切口 2 处引起的相对变形为 Δ_{2X_1}。当多余未知力 X_2 作用于切口 2 时，在切口 1 处引起的相对变形为 Δ_{1X_2}，在切口 2 处引起的相对变形为 Δ_{2X_2}，根据变形协调条件，切口 1 与切口 2 的相对变形应恒等于零，故有

$$\begin{cases} \Delta_1 = \Delta_{1P} + \Delta_{1X_1} + \Delta_{1X_2} = 0 \\ \Delta_2 = \Delta_{2P} + \Delta_{2X_1} + \Delta_{2X_2} = 0 \end{cases}$$

这就是 2 次静不定结构的变形协调关系式，以此两式为补充方程，可以将多余未知力 X_1 与 X_2 求出。所以，静不定结构的未知力数等于全部独立平衡方程式数与补充的变形协调方程式数之和。静不定结构的解为惟一解。

按叠加原理，〈1〉状态的切口处变形 Δ_{1X_1} 与 Δ_{1X_2} 可以分解为：在切口 1 施加 $X_1=1$ 的一对共线的单位力，由此单位力的作用在切口 1 与 2 处引起的相对变形为 δ_{11} 及 δ_{21}，则一对 X_1 力作用下，在切口 1 与切口 2 处的相对变形必为

$$\Delta_{1X_1} = \delta_{11}X_1$$

$$\Delta_{1X_2} = \delta_{21}X_1$$

同理，在〈2〉状态切口处，由于一对共线的单位力 $X_2=1$ 的作用，若引起的相对变形分别为 δ_{12} 及 δ_{22}，则在 X_2 作用下的变形为

$$\Delta_{1X_2} = \delta_{12} X_2$$

$$\Delta_{2X_2} = \delta_{22} X_2$$

则有

$$\begin{cases} X_1\delta_{11} + X_2\delta_{12} + \Delta_{1P} = 0 \\ X_1\delta_{21} + X_2\delta_{22} + \Delta_{2P} = 0 \end{cases}$$

这为2次静不定结构的典型方程式。式中的 δ_{11}，δ_{12}，δ_{21} 及 δ_{22} 称为“单位状态影响系数”，Δ_{1P} 与 Δ_{2P} 称为“外载荷影响系数”，各系数均可用单位载荷法计算。

推广到 n 次静不定结构。对于一个 n 次静不定结构需要作 $n+1$ 个状态，即一个 P 状态及 n 个单位 $\langle i\rangle$ 状态($i = 1,2,\cdots,n$)。按照其变形协调条件组成的典型方程组(正则方程)为

$$\left.\begin{aligned} X_1\delta_{11} + X_2\delta_{12} + \cdots + X_n\delta_{1n} + \Delta_{1P} = 0 \\ X_1\delta_{21} + X_2\delta_{22} + \cdots + X_n\delta_{2n} + \Delta_{2P} = 0 \\ \vdots \qquad\qquad \\ X_1\delta_{n1} + X_2\delta_{n2} + \cdots + X_n\delta_{nn} + \Delta_{nP} = 0 \end{aligned}\right\} \tag{4-2}$$

静不定结构未知力数应该等于全部独立平衡方程式数与补充的变形协调方程式数之和。

式(4-2)为 n 元方程组，由该式解出 X_1，X_2，$\cdots$，X_n，并将它们代入式(4-1)，就可以算出结构的真实内力。

4.3　静不定结构的内力

力法解静不定结构内力的步骤为：

(1) 判断结构静不定次数 f；

(2) 解除多余约束，选取基本系统，并分别求出 $\langle P\rangle$ 状态和各单位状态 $\langle i\rangle$ 的内力，作出它们各自的内力图；

(3) 利用单位载荷法求位移的相应的公式求出各影响系数 δ_{ij} 和 Δ_{iP}，并代入典型方程组；

(4) 解典型方程组，求出多余未知力 X_1，X_2，$\cdots$，X_n；

(5) 利用叠加原理求出结构真实内力，并绘制内力图。

例4-1　求解图4-2(a)所示静不定桁架的内力，已知桁架水平杆及垂直杆的截面面积均为 A，斜杆的断面面积为 $\sqrt{2}A$，各杆子的材料相同。

解　(1) 分析静不定次数。结构具有4个自由结点，有8个自由度，而杆子数目为10，相当于10个约束。故 $f = 2$。

(2) 选取基本系统。$\langle P\rangle$ 状态及 $\langle 1\rangle$，$\langle 2\rangle$ 状态均以切开杆2-4及杆3-5的静定系统为基本系统，各状态的内力如图4-2(c)，(d)，(e)所示。

(3) 计算影响系数

$$\delta_{11} = \sum \frac{\overline{N}_1^2 l_i}{EA_i} = 2\,\frac{1^2\,\sqrt{2}\,a}{\sqrt{2}\,EA} + 4\,\frac{\left(-\dfrac{1}{\sqrt{2}}\right)^2 a}{EA} = 4\,\frac{a}{EA}$$

$$\delta_{12} = \delta_{21} = \sum \frac{\overline{N}_1\overline{N}_2 l_i}{EA_i} = \frac{\left(-\dfrac{1}{\sqrt{2}}\right)^2 a}{EA} = \frac{1}{2}\,\frac{a}{EA}$$

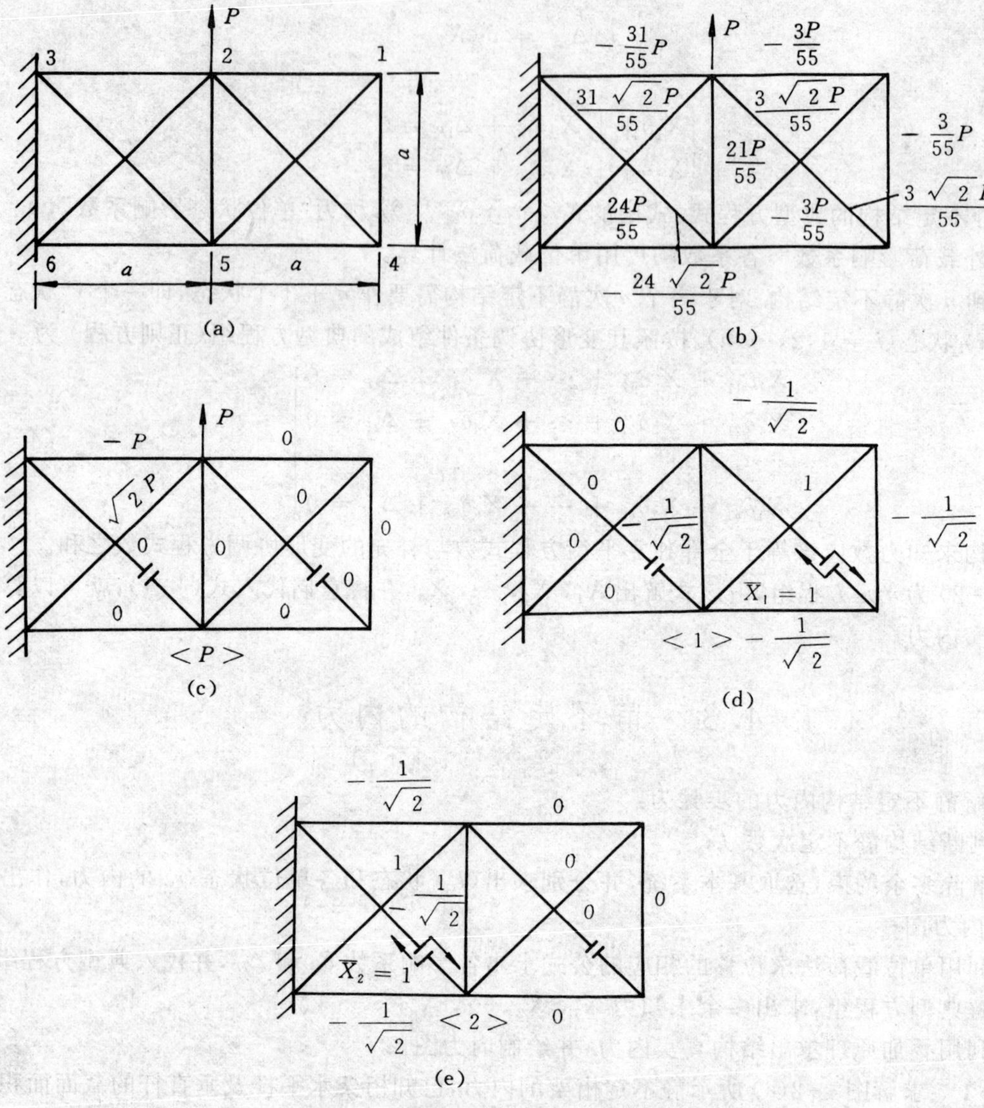

图 4-2　桁架结构

$$\delta_{22} = \sum \frac{\overline{N}_2^2 l_i}{EA_i} = 2\,\frac{1^2\sqrt{2}\,a}{\sqrt{2}\,EA} + 3\,\frac{\left(-\frac{1}{\sqrt{2}}\right)^2 a}{EA} = \frac{7}{2}\,\frac{a}{EA}$$

$$\Delta_{1P} = 0$$

$$\Delta_{2P} = \sum \frac{N_P \overline{N}_2 l_i}{EA_i} = \frac{-P\left(-\frac{1}{\sqrt{2}}\right)a}{EA} + \frac{(\sqrt{2}\,P)(\sqrt{2}\,a)}{\sqrt{2}\,EA} = \frac{3\sqrt{2}}{2}\,\frac{aP}{EA}$$

典型方程组

$$4X_1 + \frac{1}{2}X_2 = 0$$

$$\frac{1}{2}X_1 + \frac{7}{2}X_2 + \frac{3\sqrt{2}}{2}P = 0$$

(4) 解典型方程可得

$$X_1 = \frac{3\sqrt{2}}{55}P$$

$$X_2 = -\frac{24\sqrt{2}}{55}P$$

式中 X_2 为负号，表示实际作用力的方向与所假设 X_2 的方向相反。

(5) 利用叠加原理求各杆内力。各杆的内力可按下式计算，如

$$N = N_P + \overline{N}_1 X_1 + \overline{N}_2 X_2$$

例如，杆 2－5 的轴力 N_{25} 为

$$N_{25} = 0 + \frac{3\sqrt{2}P}{55}\left(-\frac{1}{\sqrt{2}}\right) + \left(-\frac{24\sqrt{2}P}{55}\right)\left(-\frac{1}{\sqrt{2}}\right) = \frac{21}{55}P$$

其它各杆的轴向力均可如上法求出，其计算结果如图 4－2(b) 所示。

例 4－2 求图 4－3 所示刚架的内力。刚架几何形状、截面惯性矩、载荷及约束情况均如图示。

解 (1) 分析刚架的静不定次数。外约束多余 2 次，$f=2$。

(2) 选择基本系统，作出各状态力图。图 4－3(a)，(b) 均可作为该结构的基本系统，我们选图(a) 为基本系统，作〈P〉状态及〈1〉，〈2〉状态力图，如图 4－3(c)，(d)，(e) 所示。

(3) 计算影响系数。由图形互乘法

$$\delta_{11} = \frac{a^3}{6EJ_1} + \frac{a^3}{EJ_1} = \frac{7a^3}{6EJ_1}$$

同理可得

$$\delta_{22} = \frac{a^3}{3EJ_1}$$

$$\delta_{12} = \delta_{21} = -\frac{a^3}{2EJ_1}$$

$$\Delta_{1P} = \frac{53Pa^3}{96EJ_1}$$

$$\Delta_{2P} = -\frac{Pa^3}{4EJ_1}$$

则典型方程组为

$$\frac{7}{6}X_1 - \frac{1}{2}X_2 + \frac{53}{96}P = 0$$

$$-\frac{1}{2}X_1 + \frac{1}{3}X_2 - \frac{1}{4}P = 0$$

(4) 解联立方程组得

$$X_1 = -\frac{17}{40}P$$

$$X_2 = \frac{9}{80}P$$

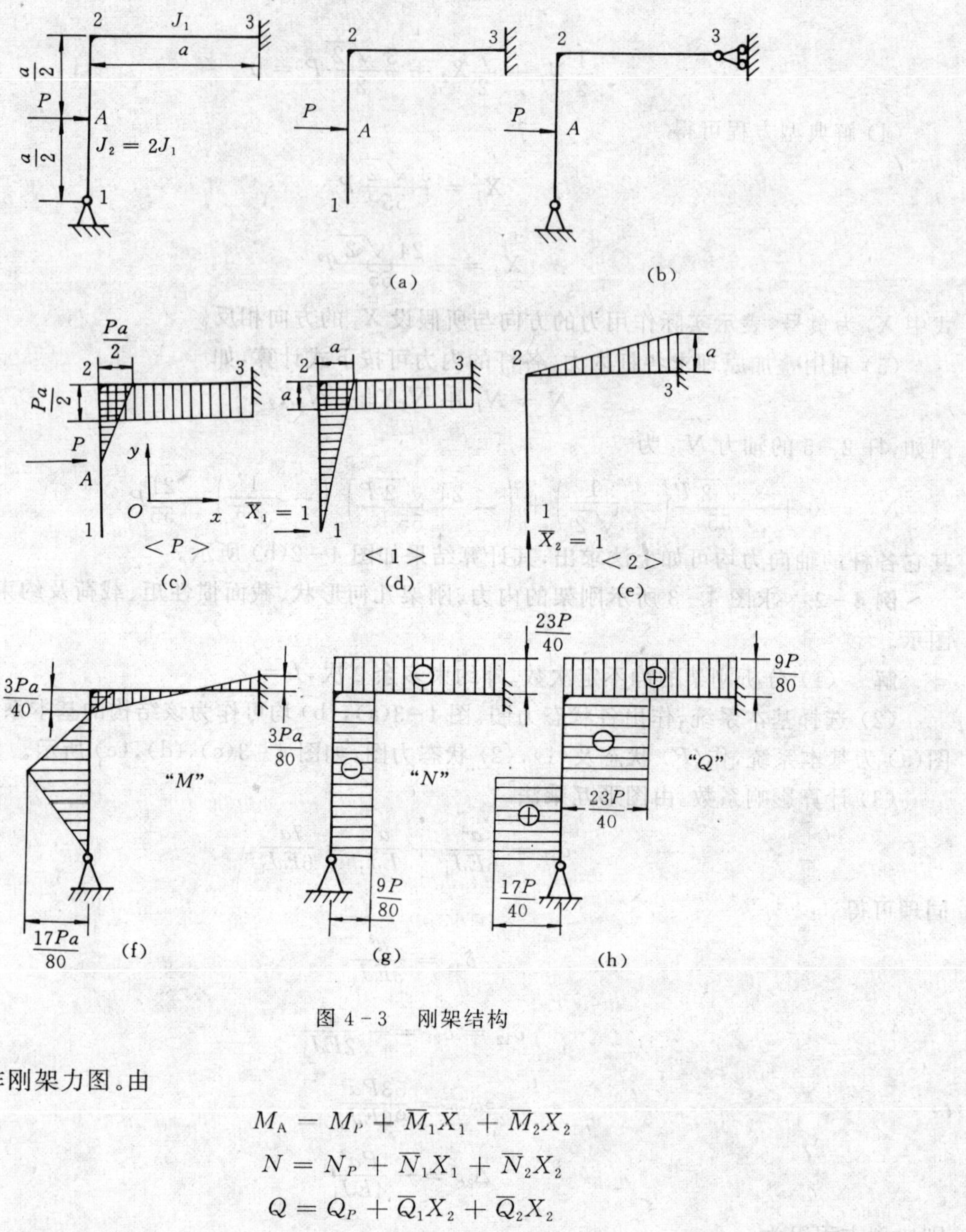

图 4-3　刚架结构

(5) 作刚架力图。由

$$M_{\mathrm{A}} - M_P + \overline{M}_1 X_1 + \overline{M}_2 X_2$$

$$N = N_P + \overline{N}_1 X_1 + \overline{N}_2 X_2$$

$$Q = Q_P + \overline{Q}_1 X_2 + \overline{Q}_2 X_2$$

求内力。

例如，刚架中点 A，2，3 的弯矩分别为

$$M_{\mathrm{A}} = 0 - \frac{17}{40} P \times \frac{a}{2} + \frac{9P}{80} \times 0 = -\frac{17}{80} Pa$$

$$M_2 = \frac{Pa}{2} - \frac{17}{40} P \times a + \frac{9P}{80} \times 0 = \frac{3}{40} Pa$$

$$M_3 = \frac{Pa}{2} - \frac{17}{40} P \times a - \frac{9P}{80} \times a = -\frac{3}{80} Pa$$

将 M_{A}，M_2 及 M_3 在图上标出，并以直线相连，就形成了刚架的弯矩图，如图 4-3(f) 所示。轴力

图与剪力图具体计算从略，其结果如图 4-3(g) 及图 4-3(h) 所示。

4.4 基本系统的选择

上节中采用了物理概念容易理解的切口的方法，将载荷状态〈P〉和单位状态〈i〉取为同一的静定系统，利用切口处变形连续条件建立力法典型方程。下面我们对力法进行进一步讨论，以便我们更深入地了解力法原理，使力法应用得更为灵活及简便。

求解静不定结构内力同时要用平衡条件和变形协调条件，因而，我们仍然从满足这两个条件出发进行讨论。

1. 满足平衡条件

对 n 次静不定结构，根据力作用的叠加原理将真实的内力状态〈R〉看做是由 $n+1$ 个内力状态叠加而成，其中一个内力状态是与外载荷相平衡的，即载荷状态〈P〉，其余 n 个内力状态是自身平衡的（与外力无关）。每一个自身平衡状态只决定一个多余未知力 X_i，当 $X_i=1$ 时，即为单位状态〈i〉。既然每个内力状态都满足平衡条件，那么，这 $n+1$ 个内力状态叠加起来也必然满足平衡条件。以桁架为例，真实的内力为

$$N = N_P + \sum_{i=1}^{n} X_i N_i$$

式中　N —— 状态〈R〉中各元件的内力；

N_P —— 状态〈P〉中各元件的内力；

N_i —— 各单位状态〈i〉中各元件的内力；

X_i —— 多余未知力。

由此可知，$n+1$ 个内力状态只要满足平衡条件，它们的基本系统并非要取得完全相同。

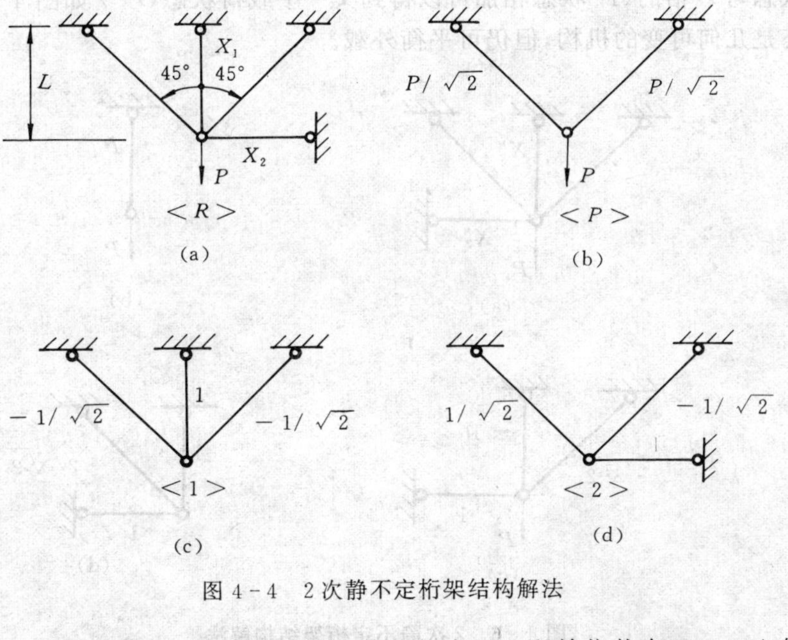

图 4-4　2 次静不定桁架结构解法

如图 4-4(a) 所示 2 次静不定桁架结构，载荷状态〈P〉和单位状态〈1〉、〈2〉的基本系统可

取为如图 4-4(b),(c),(d) 所示,也可以用〈P〉状态和 $P+1$ 倍的〈1〉状态加在一起，作为另一种和外载荷相平衡的新的载荷状态〈P'〉，如图 4-5(b) 所式。而对应的单位状态〈1′〉状态取与〈1〉完全相同,〈2′〉状态则取〈1〉与〈2〉的叠加(图中略去内力为零的元件)。图 4-4 与图 4-5 虽然各状态的基本系统取得不同,但叠加的结果必然是结构的真实内力，只不过是多余未知力不同而已。它们之间存在一定的关系，比较图 4-4 和图 4-5 可以看出，这个关系是

$$X_1 = P + 1 + X_1' + X_2'$$

$$X_2 = X_2'$$

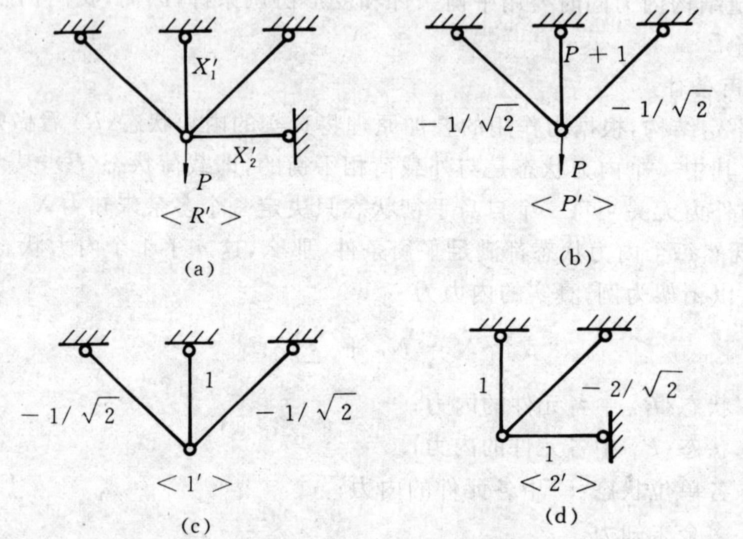

图 4-5　2 次静不定桁架结构解法

将〈P〉状态与 P 倍的〈1〉状态相加可以得到又一个载荷状态〈P''〉如图 4-6(b) 所示，此时的〈P〉状态是几何可变的机构,但仍可平衡外载。

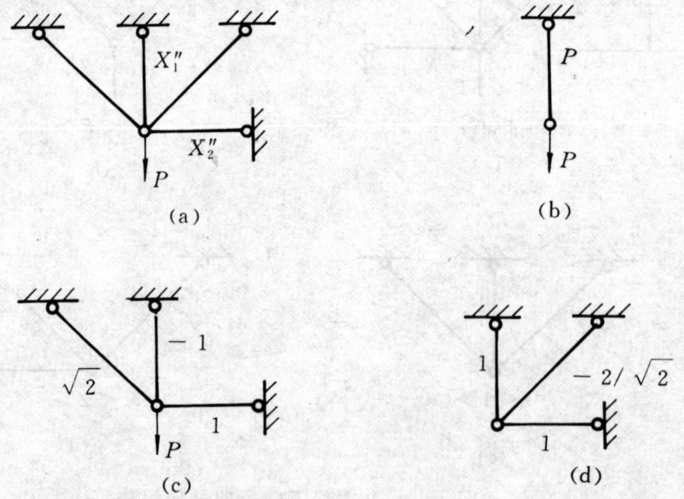

图 4-6　2 次静不定桁架结构解法

总之，在用力法解静不定结构时，载荷状态$\langle P\rangle$和各单位状态$\langle i\rangle$的基本取法是多种多样的，可以是静定的，也可以是静不定的或几何可变的，但都必需满足平衡条件，为了便于计算，应尽可能取得简单一些。

还应指出，n次静不结构有n个多余约束，就应该有n个独立的多余未知力X_1, X_2, …, X_n。因此，在选取不同的基本系统时必须保证各个单位状态是彼此独立的，即不存在线性关系，也就是说，任何一个单位状态不能是另外一个单位状态的倍数或其他$n-1$个单位状态的线型组合，若用数学表达，就是不存在不全等于零的常数，使

$$C_1N_1^{(j)}+C_2N_2^{(j)}+\cdots+C_nN_n^{(j)}=0$$

式中，上标(j)表示元件编号，下标表示单位状态。

对于图4-2所示的两次静不定结构，按上式可展开为

$$C_1\left(-\frac{1}{\sqrt{2}}\right)+C_2\left(\frac{1}{\sqrt{2}}\right)=0$$

$$C_1(1)+C_2(0)=0$$

$$C_1\left(-\frac{1}{\sqrt{2}}\right)+C_2\left(-\frac{1}{\sqrt{2}}\right)=0$$

$$C_1(0)+C_2(1)=0$$

如果能找到两个常数C_1, C_2使任一式成立，那么各单位状态就是不独立的。显然，由以上无论哪两个方程所组成的行列式都不等于零，所以必须是$C_1=C_2=0$，这说明图中所选的两个单位状态是彼此独立的。

对于n次静不定结构，如果各单位状态不是相互独立的，那么一定存在线性关系

$$C_1N_1+C_2N_2+\cdots+C_nN_n=0 \quad \text{（略去上标）}$$

式中的C_i不全为零，设$C_1\neq 0$，则$N_1=-\dfrac{C_2}{C_1}N_2-\dfrac{C_3}{C_1}N_3-\cdots-\dfrac{C_4}{C_1}N_n$

于是结构内力可表示成如下形式，即

$$\begin{aligned}N=&N_P+X_1N_1+X_2N_2+\cdots+X_nN_n=\\&N_P+\left(X_2-\frac{C_2}{C_1}X_1\right)N_2+\cdots+\left(X_2-\frac{C_n}{C_1}X_1\right)X_n=\\&N_P+X_2'N_2+\cdots+X_nN_n\end{aligned}$$

其结果只有$n-1$个未知数，因此不能表达n次静不定结构的真实内力。

由此可见，在相同载荷状态下，可以选取与载荷状态基本系统不相同的独立的单位状态。选择$\langle P\rangle$状态及单位$\langle i\rangle$状态的基本系统可以完全分开进行，但需注意的问题是：

1）$\langle P\rangle$状态与各单位状态都要满足平衡条件；

2）n次静不定结构必须有n个彼此独立的单位状态。

2. 满足变形协调条件

为了求出多余未知力X_1, X_2, …, X_n，可根据切口连续的的概念建立正则方程。当$\langle P\rangle$状态及各单位状态$\langle i\rangle$的基本系统取得不同时，切口连续概念就不很明显了。在这里，我们不再用切口连续的概念而直接用虚功原理导出典型方程。将静不定结构在外载荷作用下的真实位移作为位移系统，将各个自身平衡的内力作为力系统，由于真实位移处处连续，由单位载荷法可以得到下面的关系式

$$\sum S_iV=0 \qquad i=1,2,\cdots,n \tag{4-3}$$

式中　S_i—— 第 i 个单位状态的内力；

V—— 与结构真实内力 S 相对应的真实变形。

将式(4-3)展开，则

$$\left.\begin{aligned}\sum S_1V &= 0\\ \sum S_2V &= 0\\ &\vdots\\ \sum S_nV &= 0\end{aligned}\right\} \tag{4-4}$$

在线弹性范围内，叠加原理同样适用于变形，静不定结构的真实变形可以写为

$$V = V_P + X_1V_1 + X_2V_2 + \cdots + X_nV_n \tag{4-5}$$

式中　V_P ——〈P〉状态下的变形；

V_i——〈i〉状态下的变形。

将式(4-5)代入式(4-4)，得

$$\left.\begin{aligned}(\sum S_1V_1)X_1 + (\sum S_1V_2)X_2 + \cdots + (\sum S_1V_n)X_n + \sum S_1V_P &= 0\\ (\sum S_1V_1)X_1 + (\sum S_2V_2)X_2 + \cdots + (\sum S_2V_n)X_n + \sum S_2V_P &= 0\\ &\vdots\\ (\sum S_nV_1)X_1 + (\sum S_nV_2)X_2 + \cdots + (\sum S_nV_n)X_n + \sum S_nV_P &= 0\end{aligned}\right\} \tag{4-6}$$

式中，$(\sum S_iV_i)$代表第 i 个单位状态的内力在第 j 个单位状态位移上所做的虚功，仍然将它写为 δ_{ij}。同样，将 $\sum S_iV_P$ 写为 Δ_{iP}。于是式(4-6)就与式(4-2)等同了。

由此可见，用力法求解静不定结构，当〈P〉状态及各单位〈i〉状态基本系统取得不一样，不再采用切口连续的概念，典型方程仍可写出。

例 4-3　求图 4-7(a)所示两次静不定结构的内力。已知，4 杆的长度均为 L，剖面面积均为 A，材料弹性模量均为 E，$\dfrac{L}{EA} = 1$。

解　(1) 将各状态的基本系统取得相同，〈P〉状态和〈1〉、〈2〉状态如图 4-7(b)所示（为了方便起见，各状态的内力均示于图中，内力为零的杆不示出）。求得各影响系数为

$$\delta_{11} = 3,\quad \delta_{12} = \delta_{21} = -1,\quad \delta_{22} = 2$$

$$\Delta_{1P} = -2P,\quad \Delta_{2P} = P$$

代入典型方程(4-2)

$$3X_1 - X_2 - 2P = 0$$

$$-X_1 + 2X_2 + P = 0$$

解得

$$X_1 = \frac{2}{5}P,\qquad X_2 = -\frac{1}{5}P$$

由 $N = N_P + X_1N_1 + X_2N_2$，得

$$N_{12} = 0 + 0 \times \frac{3}{5}P + 1 \times \left(-\frac{1}{5}P\right) = -\frac{1}{5}P$$

$$N_{13} = P + (-1) \times \frac{3}{5}P + 0 = \frac{2}{5}P$$

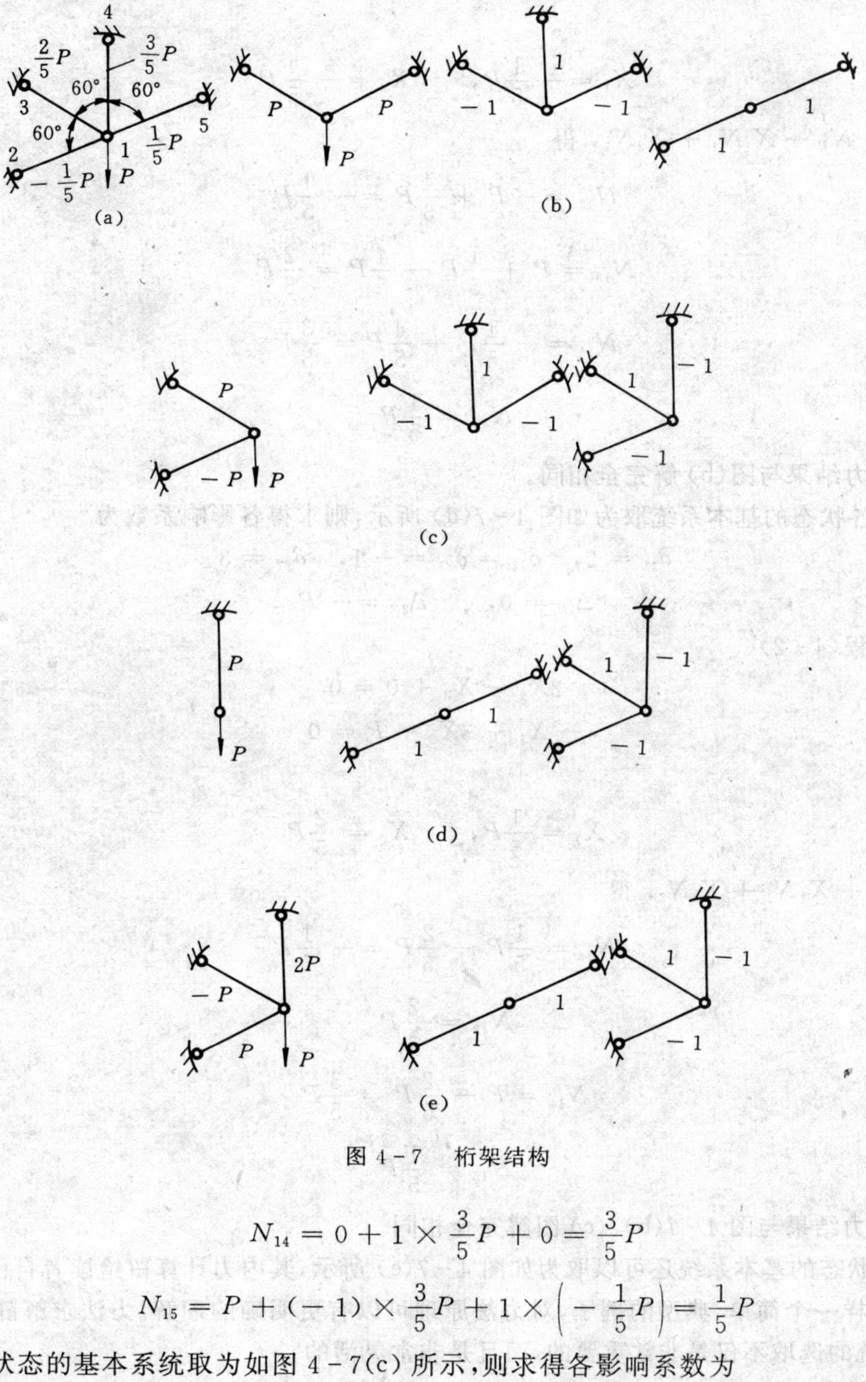

图 4-7　桁架结构

$$N_{14} = 0 + 1 \times \frac{3}{5}P + 0 = \frac{3}{5}P$$

$$N_{15} = P + (-1) \times \frac{3}{5}P + 1 \times \left(-\frac{1}{5}P\right) = \frac{1}{5}P$$

(2) 将各状态的基本系统取为如图 4-7(c) 所示，则求得各影响系数为

$$\delta_{11} = 3, \quad \delta_{12} = \delta_{21} = -2, \quad \delta_{22} = 3$$

$$\Delta_{1P} = -P, \qquad \Delta_{2P} = 2P$$

代入典型方程(4-2)

$$3X_1 - 2X_2 - P = 0$$

$$-2X_1 + 3X_2 + 2P = 0$$

解得

$$X_1 = -\frac{1}{5}P, \qquad X_2 = -\frac{4}{5}P$$

由 $N = N_P + X_1N_1 + X_2N_2$，得

$$N_{12} = -P + \frac{4}{5}P = -\frac{1}{5}P$$

$$N_{13} = P + \frac{1}{5}P - \frac{4}{5}P = \frac{2}{5}P$$

$$N_{14} = -\frac{1}{5}P + \frac{4}{5}P = \frac{3}{5}P$$

$$N_{15} = \frac{1}{5}P$$

计算各杆内力结果与图(b)解完全相同。

(3) 将各状态的基本系统取为如图 4－7(d) 所示，则求得各影响系数为

$$\delta_{11} = 2, \quad \delta_{12} = \delta_{21} = -1, \quad \delta_{22} = 3$$

$$\Delta_{1P} = 0, \qquad \Delta_{2P} = -P$$

代入典型方程(4－2)

$$2X_1 - X_2 + 0 = 0$$

$$-X_1 + 3X_2 - P = 0$$

解得

$$X_1 = \frac{1}{5}P, \qquad X_2 = \frac{2}{5}P$$

由 $N = N_P + X_1N_1 + X_2N_2$，得

$$N_{12} = \frac{1}{5}P - \frac{2}{5}P = -\frac{1}{5}P$$

$$N_{13} = \frac{2}{5}P$$

$$N_{14} = P - \frac{2}{5}P = \frac{3}{5}P$$

$$N_{15} = \frac{1}{5}P$$

计算各杆内力结果与图 4－7(b)、(c) 图解完全相同。

(4) 各状态的基本系统还可以取为如图 4－7(e) 所示，其内力计算留给读者自己完成。

通过这样一个简单、典型的例子，对力法原理可以有更明确的理解。力法求解静不定结构时，基本系统的选取不仅是非常重要的，而且是非常灵活的。

基本系统合理选取的基本原则为：

(1) 在满足平衡的基础上，⟨P⟩ 状态和单位⟨i⟩ 状态要容易求解，各影响系数 δ 和 Δ 容易计算。

(2) 典型方程容易求解。在计算过程中，由于有效数字的取舍不会对计算结果产生太大误差。

载荷状态与单位状态取法的具体要求为：

(1) 载荷状态。只要能平衡外载荷即可。为了使载荷状态及相应的系数 Δ_{iP} 计算简单，取得越简单、包含的元件越少越好，一般可取由最直接的传力路线组成的系统作为载荷状态 $\langle P\rangle$ 的基本系统。

(2) 单位状态。在满足自身平衡及相互独立的条件下，为了使单位状态容易计算，它的基本系统应该是静定的，并且尽量使其包括的元件最少，涉及的范围最紧凑。

例如图 4-8(a) 所示的 3 次静不定桁架，若取各单位状态的基本系统如图 4-8(b) 所示 (内力为零的杆未画出)。由图可见 $\delta_{11}=\delta_{22}=\delta_{33}$，而且只包含 5 根杆，且 $\delta_{13}=0$，计算十分简单。如果取图 4-8(c) 所示基本系统，则所有系数均不相等，也不等于零，包含的元件又多，计算必然麻烦，导致的计算误差就大。

各个单位状态紧凑、互相尽量不重叠，不仅使计算简便，而且还有更重要的意义，即：在这样的情况下，我们比较容易大致地判断出各单位状态是否独立，并且容易保证典型方程是“良态”的($\delta_{ij}<\delta_{ii}$, $i\neq j$)。

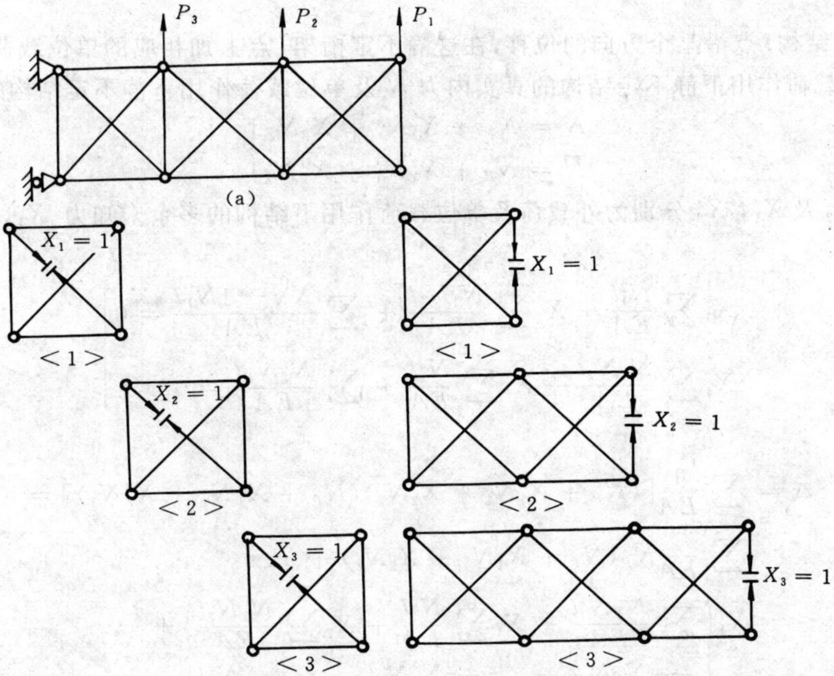

图 4-8　基本状态的合理选取

为了避免各单位状态不独立，在选取基本系统时，要使它们之间至少有一个元件(或未知力不同)。

4.5 静不定结构的位移

静不定结构与静定结构位移计算基本方法是相同的。由单位载荷法

$$\Delta_P = \sum \frac{\overline{N}_1 N l}{EA} \tag{4-7}$$

式中　$\overline{N}_1$ —— 所需求位移相应的单位力状态 $\langle\overline{1}\rangle$ 各元件的内力；

N —— 静不定结构各元件的真实内力。

由于单位载荷法中所取的单位状态只要求满足平衡条件，因此为了简化计算，虚单位力不一定要求施加在原静不定系统上，而只要求加在原结构中某静定的部分上就可以了。这一方法可利用图 4-9 所示的 2 次静不定桁架结构加以说明。

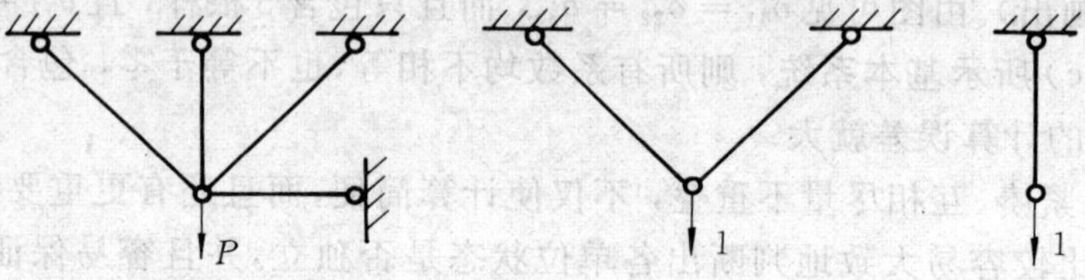

(a)　(b)　(c)

图 4-9　2 次静不定桁架结构

如需求结构 i 点沿某个方向的位移，在这静不定桁架 i 点上加相应的单位载荷。按力法，分别求出在外载荷作用下静不定结构的真实内力 N 及单位载荷作用下静不定结构的内力 $\overline{N}$，即

$$\left.\begin{aligned} N &= N_P + X_1 N_1 + X_2 N_2 \\ \overline{N} &= \overline{N}_P + X_1' N_1 + X_2' N_2 \end{aligned}\right\} \tag{4-8}$$

式中，X_1，X_2 及 X_1'，X_2' 分别为外载荷及单位载荷作用下结构的多余未知力。X_1，X_2满足典型方程

$$\left.\begin{aligned} X_1 \sum \frac{N_1^2 l}{EA} + X_2 \sum \frac{N_1 N_2 l}{EA} + \sum \frac{X\backslash - 1 N_P l}{EA} = 0 \\ X_1 \sum \frac{N_1 N_2 l}{EA} + X_2 \sum \frac{N_2^2 l}{EA} + \sum \frac{N_2 N_P l}{EA} = 0 \end{aligned}\right\} \tag{4-9}$$

于是

$$\begin{aligned} \Delta_i = {} & \sum \frac{1}{EA}[(N_P + X_1 N_1 + X_2 N_2)(\overline{N}_P + X_1' N_1 + X_2' N_2)] = \\ & \sum \frac{1}{EA}\overline{N}_P(N_P + X_1 N_1 + X_2 N_2) + \\ & X_1'\left(\sum \frac{N_P N_1 l}{EA} + X_1 \sum \frac{N_1^2 l}{EA} + X_2 \sum \frac{N_1 N_2 l}{EA}\right) + \\ & X_2'\left(\sum \frac{N_P N_2 l}{EA} + X_1 \sum \frac{N_1 N_2 l}{EA} + X_2 \sum \frac{N_2^2 l}{EA}\right) \end{aligned} \tag{4-10}$$

由式(4-9) 可知，式(4-10) 等号右端括号内第二、三项都是等于零的，所以

$$\Delta_i = \sum \frac{l}{EA}\overline{N}_P(N_P + X_1 N_1 + X_2 N_2) = \sum \frac{\overline{N}_P N l}{EA}$$

式中　N —— 静不定结构的真实内力；

$\overline{N}_P$ —— 单位载荷作用下 $\langle P\rangle$ 状态的内力。

由于 $\langle P\rangle$ 状态可以取为静定的，所以，与需求位移对应的单位载荷可以加在某一静定部分上。当欲求图 4-9(a) 点 1 垂直方向的位移时，单位状态可取为如图 4-9(b) 或(c) 所示。

例 4-4　求图 4-10 所示桁架结构杆 3-4 的转角，桁架各杆的 EA 均相同。

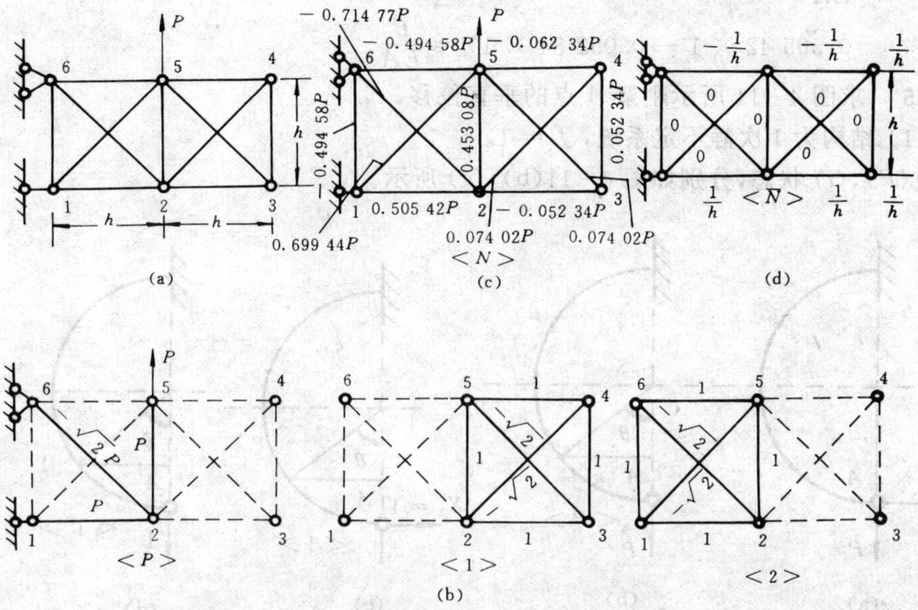

图 4-10 静不定桁架结构

解 (1) 结构为 2 次静不定结构，$f = 2$。

(2) 取 $\langle P\rangle$，$\langle 1\rangle$，$\langle 2\rangle$ 状态分别如图 4-10(b) 所示。

$$\Delta_{1P} = \frac{h}{EA}[P \times 1] = \frac{h}{EA}P$$

$$\Delta_{2P} = \frac{h}{EA}[2 \times P \times 1 + 2\sqrt{2}P] = \frac{h}{EA} \times 2(1 + \sqrt{2})P$$

$$\delta_{11} = \delta_{22} = \frac{h}{EA}(4 \times 1^2 + 2 \times \sqrt{2}^2 \times \sqrt{2}) = \frac{h}{EA} \times 4 \times (1 + \sqrt{2})$$

$$\delta_{21} = \delta_{12} = \frac{h}{EA} \times (1^2) = \frac{h}{EA}$$

正则方程

$$\begin{cases} 4(1 + \sqrt{2})X_1 + X_2 + P = 0 \\ X_1 + 4(1 + \sqrt{2})X_2 + 2(1 + \sqrt{2})P = 0 \end{cases}$$

解之

$$X_1 = -0.052\,338P$$
$$X_2 = -0.494\,58P$$

(3) 由 $N = N_P + X_1\overline{N}_1 + X_2\overline{N}_2$ 得

$$N_{12} = P + 0 - 0.494\,58\,P \times 1 = 0.505\,42\,P$$

其余各杆内力如图 4-10(c) 所示。

(4) 求杆 3-4 转角。加单位虚力$\left(\frac{1}{h},\ \frac{1}{h}\right)$，取可以平衡此力系的结构最简单部分，$\langle i\rangle$ 状态如图 4-10(d) 所示。

$$\theta=\frac{P}{EA}\times\frac{1}{h}\times h(-0.494\,58\times(-1)-0.052\,338\times(-1)+$$

$$0.505\,42\times 1-0.052\,34\times 1)=\frac{P}{EA}$$

例 4-5 求图 4-11 所示刚架 A 点的垂直位移。

解 (1) 结构为 1 次静不定系统，$f=1$。

(2) 取 $\langle P\rangle$，$\langle i\rangle$ 状态，分别如图 4-11(b)，(c) 所示。

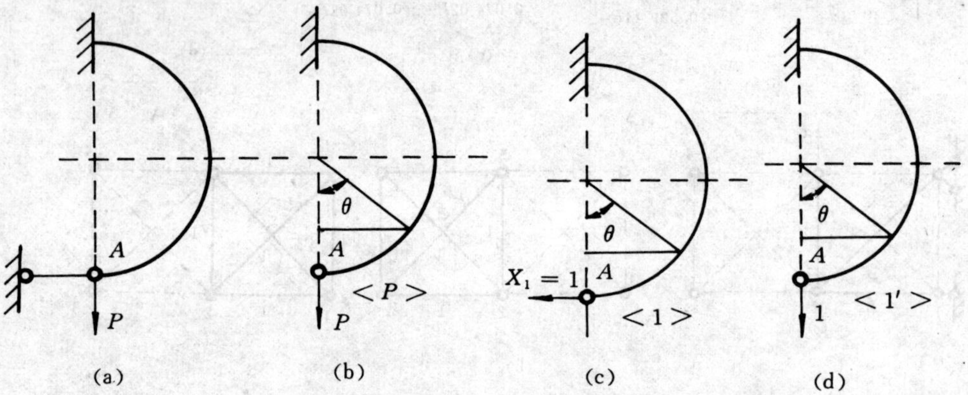

图 4-11 刚架结构图

$$M_P=PR\sin\theta$$

$$M_1=-R(1-\cos\theta)$$

$$\Delta_{1P}=\frac{1}{EJ}\int_0^{\pi}-R(1-\cos\theta)PR\sin\theta\times R\mathrm{d}\theta=-\frac{2PR^3}{EJ}$$

$$\delta_{11}=\frac{R^3}{EJ}\int_0^{\pi}(1-\cos\theta)^2\mathrm{d}\theta=\frac{3\pi R^3}{2EJ}$$

正则方程 $$\delta_{11}X_1+\Delta_{1P}=0$$

$$\frac{3\pi R^3}{2EJ}X_1-\frac{2PR^3}{EJ}=0$$

解之 $$X_1=\frac{4P}{3\pi}$$

(3) 由 $M_R=M_P+M_1X_1$ 得

$$M_R=PR\sin\theta-\frac{4P}{3\pi}R(1-\cos\theta)$$

(4) 求 A 点垂直位移。加单位虚力如图 4-11(d) 所示

$$M_1'=R\sin\theta$$

$$\Delta_{A\perp}=\int_0^{\pi}\left[PR\sin\theta-\frac{4P}{3\pi}R(1-\cos\theta)\right]R\sin\theta R\mathrm{d}\theta=0.722\,\frac{PR^3}{EJ}\ (\downarrow)$$

综上所述，静不定结构的一些特点可以归纳如下：

(1) 静不定结构具有无穷多个满足平衡条件和力的边界条件的可能解，但同时满足平衡条件和协调条件的真实解是惟一的。

(2) 静不定结构的内力和变形不仅与载荷有关，而且与结构各元件的几何特性和材料特性有关；静定结构的内力仅与载荷有关。

(3) 静定结构的传力路线只有一条，而静不定结构则具有多条传力路线。静不定结构的多余约束遭到破坏后，它仍是一个几何不变系统，仍然具有承载能力。因此，静不定结构具有更高的安全性和生存力。

4.6 对称定律

在某些结构中，存在着一个或一个以上的平面或轴线，位于平面（轴线）一边的结构的几何性质和力学特征均为另一边结构的镜面映象，这些结构称为相对于该平面或轴线是对称的，该平面或轴线称为结构的对称面或对称轴。对称轴存在于平面的对称结构中，对称面存在于空间的对称结构中。

有时，对称结构所受的外力也有对称性，即对称的和反对称的载荷。对称载荷指对称面（轴）两边的载荷互为映象，作用点、大小和方向都相同。反对称载荷指对称面（轴）一边的载荷是另一边载荷的反映象，作用点、大小相同，作用方向相反。

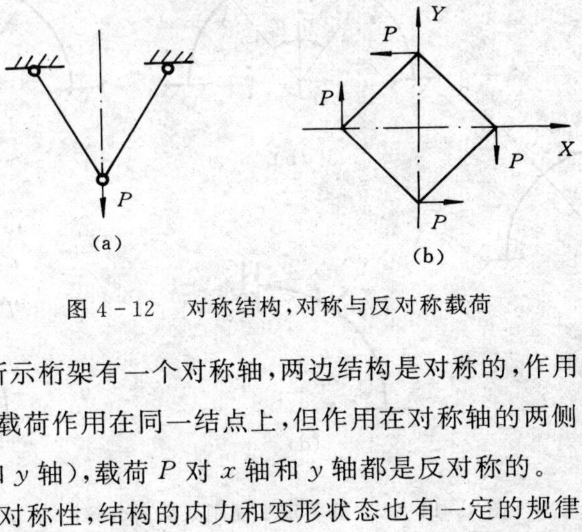

图 4-12 对称结构，对称与反对称载荷

例如，图 4-12(a) 所示桁架有一个对称轴，两边结构是对称的，作用的载荷 P 是对称的，因此可以想像是 2 个 $\frac{P}{2}$ 的载荷作用在同一结点上，但作用在对称轴的两侧。图 4-12(b) 所示结构具有两个对称轴（x 轴和 y 轴），载荷 P 对 x 轴和 y 轴都是反对称的。

根据结构和载荷的对称性，结构的内力和变形状态也有一定的规律性，称这种规律性为对称定律。

(1) 对称结构，在对称载荷作用下，仅使其引起对称的内力和位移，在反对称载荷作用下，仅使其引起反对称的内力和位移。

(2) 对称结构，在对称载荷作用下，结构对称轴（面）上只有对称的内力（即轴力和弯矩）存在，反对称的内力及位移为零；在反对称载荷作用下，结构对称轴（面）上只有反对称的内力（剪力）存在，对称的内力及位移为零。

利用对称定律，可以使分析静不定结构的工作量简化。首先，可以只分析对称结构的一半，而另一半结构的内力与此对称或反对称；其次，在所分析的这一半结构的对称面（轴）上，只剩下对称或反对称的那部分内力。

对于静不定结构，若从对称面切开，往往可以降低静不定次数。如图 4-13 所示的 3 次静不定刚架，从对称面切开，若外力是对称的，则结构简化为2次静不定问题（见图4-13(a)）；若外力是反对称的，则结构简化为1次静不定问题（见图4-13(b)）。

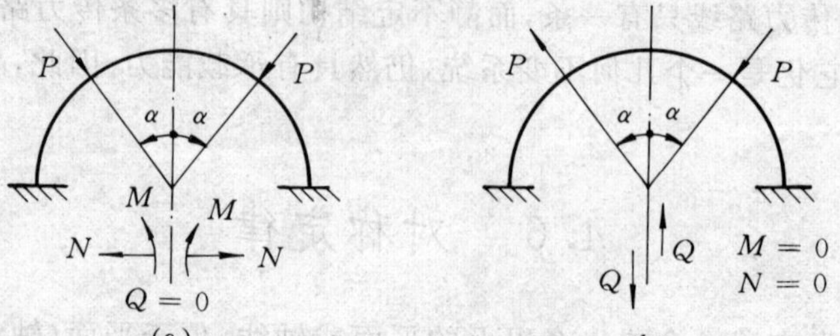

图4-13　3次静不定刚架结构

为了充分利用对称定律，如果对称结构受到的是不对称载荷的作用，也应设法将不对称载荷变成对称和不对称的两个部分。

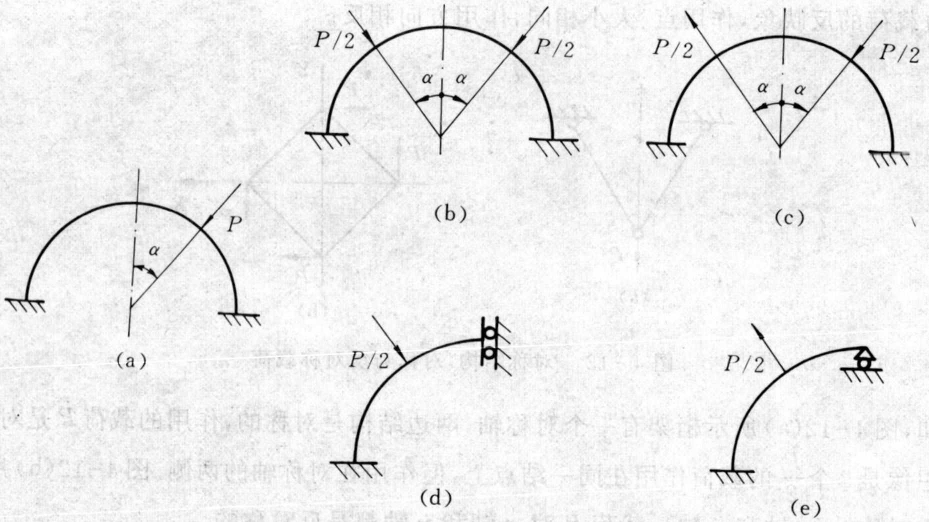

图4-14　3次静不定平面刚架载荷分解图

(a) $f = 3$;　(b) $f = 2$;　(c) $f = 1$;　(d) $u = 0$, $\theta = 0$;　(e) $v = 0$

讨论图4-14(a)所示3次静不定平面刚架，显然其结构是对称的，但载荷是不对称的。为了简化计算，我们可以把载荷分解为对称和反对称载荷，并且将对称定律中关于对称面上的内力特征考虑在内，再分别求解。图4-14表示了这种分解结果，其中图4-14(b)表示对称载荷作用的情况，这时对称轴上只有轴力和弯矩（对称内力）存在，剪力为零，不难看出，结构此时为2次静不定的；图4-14(c)表示了反对称载荷情况，在对称轴处只有剪力（反对称内力）存在，而轴力和弯矩均为零，因此，结构此时是1次静不定的。

在分别求解时均可只考虑一半结构，为了只分析一半结构，在对称轴处用图示的边界约束来模拟真实的内力状态，如图4-14(d)和(e)所示。

习　　题

4-1　利用对称与反对称条件，简化图4-15所示各平面刚架结构，要求画出简化图及其位移边界条件。

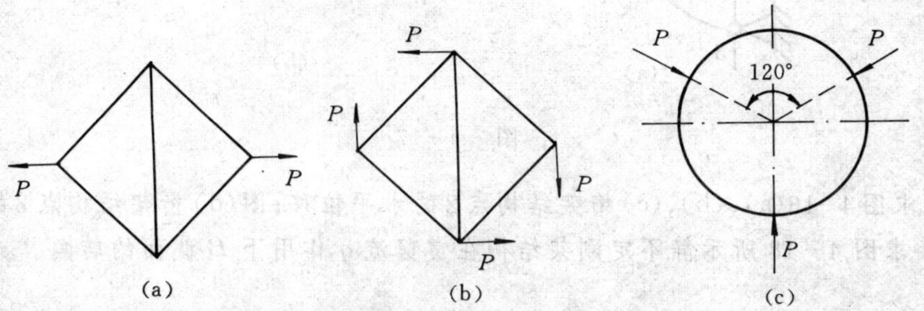

图　4-15

4-2　图4-16所示桁架各杆的EA均相同，求桁架各杆的内力。

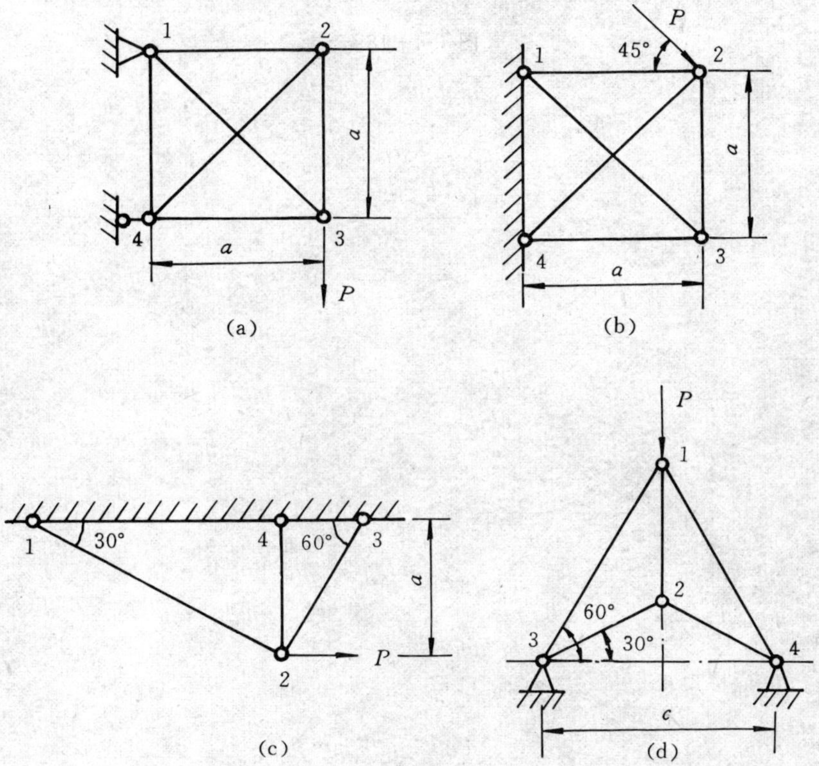

图　4-16

4-3　图 4-17 所示平面刚架的 EJ 为常数，求刚架的弯矩并绘制弯矩图。

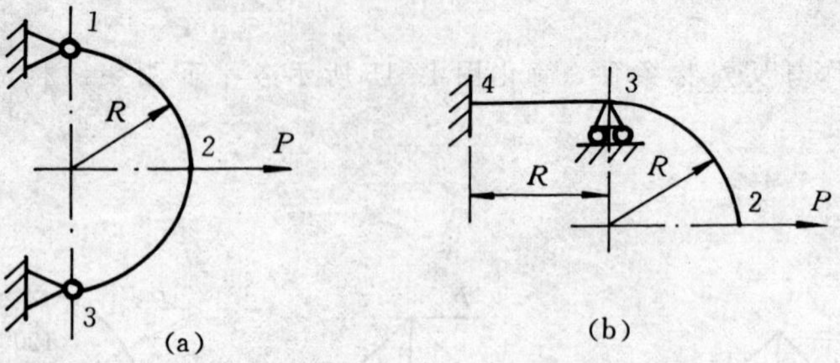

图　4-17

4-4　求图4-16(a)、(b)、(c)桁架结构点2的水平位移；图(d)桁架结构点2的垂直位移。

4-5　求图 4-18 所示静不定刚架结构在常剪流 q 作用下 B 截面的转角。

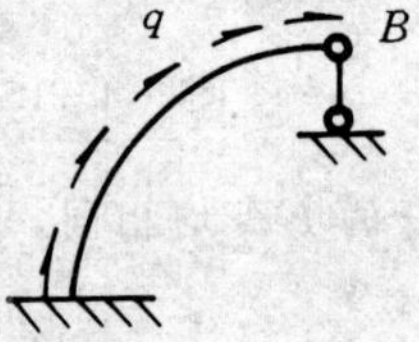

图　4-18

第5章　位　移　法

5.1　概　　述

在计算机科学飞速发展的今天，适合于计算机应用的“有限元素法”正在逐步取代其他方法而成为飞行器结构分析方法的主流，并已发展为一门独立的新兴学科。本章所讨论的位移法，是以矩阵运算作为数学工具来处理结构位移计算的，故可称为矩阵位移法，它是有限元素法的基础。

将结点位移（广义位移）作为基本未知量写出由未知位移表示的应变，由物理方程写出仍由未知位移表示的应力表达式，最后由平衡条件解出所有的未知位移，这就是位移法的基本思路。

矩阵位移法主要内容包括两个部分：

(1) 单元分析，即将结构分解为有限个较小的单元，进行所谓离散化。对于杆系结构，一般以一根杆件或杆件的一段作为一个单元，分析单元的内力与位移之间的关系，建立单元刚度矩阵。

(2) 整体分析，即将各单元又集合成原来的结构，要求各单元满足原结构的变形协调条件和平衡条件，从而建立整个结构的刚度方程，以求解原结构的位移和内力。

在杆系结构中，若单元只受轴力作用，则称为杆元素，如桁架；若单元不仅受轴力，还受剪力和弯矩作用，则称为梁元素，如梁、刚架等。

5.2　元素刚度矩阵及平衡方程

5.2.1　杆元素

由最简单的杆元素开始，逐步介绍矩阵位移法的基本原理和计算过程。图 5-1 所示的杆有 2 个结点 i 和 j，作用在结点上的力分别为 F_i 和 F_j，结点位移为 u_i 和 u_j，结点位移和结点力一律以顺坐标系的正方向为正。定义

$$\boldsymbol{u}=\begin{bmatrix}u_i\\u_j\end{bmatrix},\quad \boldsymbol{F}=\begin{bmatrix}F_i\\F_j\end{bmatrix}$$

为杆元素的结点位移向量和结点力向量。

杆元素的应变可以用结点位移来表示。因为轴向应变 $\varepsilon = \frac{u_j - u_i}{l_{ij}}$，其中 l_{ij} 是杆元件的长度，因此，应变表达式用矩阵形式表示为

$$\varepsilon = \frac{1}{l_{ij}}[-1, 1]\begin{bmatrix} u_i \\ u_j \end{bmatrix} \tag{5-1}$$

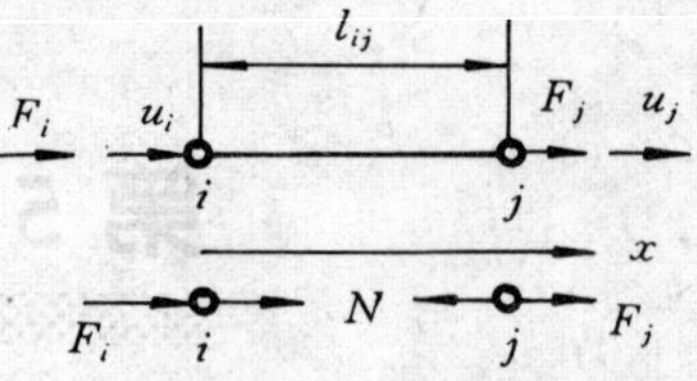

图 5-1　二力杆

由物理方程，应力

$$\sigma = E\varepsilon = \frac{E}{l_{ij}}[-1 \quad 1]\begin{bmatrix} u_i \\ u_j \end{bmatrix} \tag{5-2}$$

轴力

$$N = \sigma A = \frac{EA}{l_{ij}}[-1 \quad 1]\begin{bmatrix} u_i \\ u_j \end{bmatrix} \tag{5-3}$$

正的轴力方向如图 5-1 所示。作用在杆元素上的结点力应在结点处与杆的内力（轴力）相平衡，平衡条件为

$$\left.\begin{aligned} F_i + N = 0 \\ F_j - N = 0 \end{aligned}\right\} \tag{5-4}$$

或

$$\begin{bmatrix} F_i \\ F_j \end{bmatrix} = \begin{bmatrix} -1 \\ 1 \end{bmatrix} N \tag{5-5}$$

将式(5-3) 代入式(5-5)，得

$$\begin{bmatrix} F_i \\ F_j \end{bmatrix} = \frac{EA}{l_{ij}}\begin{bmatrix} -1 \\ 1 \end{bmatrix}[-1 \quad 1]\begin{bmatrix} u_i \\ u_j \end{bmatrix} = \frac{EA}{l_{ij}}\begin{bmatrix} 1 & -1 \\ -1 & 1 \end{bmatrix}\begin{bmatrix} u_i \\ u_j \end{bmatrix} = \boldsymbol{K}\begin{bmatrix} u_i \\ u_j \end{bmatrix} \tag{5-6}$$

式(5-6) 就是位移法中杆元素的平衡方程，式中

$$\boldsymbol{K} = \frac{EA}{l_{ij}}\begin{bmatrix} 1 & -1 \\ -1 & 1 \end{bmatrix} = \begin{bmatrix} k_{ii} & k_{ij} \\ k_{ji} & k_{jj} \end{bmatrix} \tag{5-7}$$

式(5-7) 是杆元素的刚度矩阵。刚度矩阵将元素的结点位移向量和结点力向量联系了起来。由式(5-6) 展开式为

$$\left.\begin{aligned} F_i = k_{ii}u_i + k_{ij}u_j \\ F_j = k_{ji}u_i + k_{jj}u_j \end{aligned}\right\} \tag{5-8}$$

由式(5-8) 可以看出：

(1) k_{ij} 表示为了产生 $u_j = 1$ 且 $u_i = 0$ 而需要在结点 i 处施加的结点力的 F_i 值；k_{jj} 是为了产生 $u_j = 1$ 且 $u_i = 0$ 而需要在结点 j 处施加的结点力的 F_j 值。同理，k_{ii}表示为了产生 $u_i = 1$ 且 $u_j = 0$ 而需要在结点 i 处施加的结点力的 F_i 值；k_{ji} 是为了产生 $u_i = 1$ 且 $u_j = 0$ 而需要在结点 j 处施加的结点力的 F_j 值。

根据互换定理，对于线性系统，假如有两组力系 P_i 和 P_j，各自单独作用而引起的对应位移为 U_i 和 U_j，则 P_i 在 U_j 上所做的功等于 P_j 在 U_i 上所做的功。或者说，单位力系 $P_i = 1$ 引起的与 P_j 对应的位移为 f_{ji}，它的值和单位力系 $P_j = 1$ 引起的与 P_i 对应的位移为 f_{ij} 相等。因此这里有：$k_{ij} = k_{ji}$，元素刚度矩阵为一对称方阵。

(2) 刚度矩阵 $\boldsymbol{K}$ 的第 m 列对应于第 m 个自由度上的位移 u_m，而第 n 行则对应于第 n 个自

由度上的结点力 F_n。于是，k_{nm} 是指为了产生 $u_m = 1$(其余 $u_l = 0,\ l \neq m$)) 所需施加的结点力 F_n 的大小。

$$\begin{bmatrix} k_{ii} & k_{ij} \\ k_{ji} & k_{jj} \end{bmatrix} \begin{matrix} \to F_i \\ \to F_j \end{matrix}$$
$$\begin{matrix} \downarrow & \downarrow \\ u_i & u_j \end{matrix}$$

(3) 根据元素平衡条件，必定有

$$k_{ii} + k_{ji} = 0$$
$$k_{ij} + k_{jj} = 0$$

(4) 由式(5-6)可以看出，由于 u_i，u_j 都可以有值，所以元件是可移动的，位移向量中包含有刚体运动，平衡方程(5-6)是奇异的，矩阵 $\boldsymbol{K}$ 的行列式等于零。这就意味着在去除刚体运动自由度之前，式(5-6)不能直接用来求解位移。

5.2.2 梁元素

这里仅讨论平面梁元素，取 Oxz 坐标平面，设有两端结点号为 i, j 的梁元件如图 5-2 所示，所受到的外力(正方向)已在图中标出，与正方向的外力相应。结点位移的正方向为：线位移与坐标正方向一致，角位移与外力矩正方向一致。于是，梁元的位移向量定义为

$$\boldsymbol{u} = [u_i \quad u_j \quad w_i \quad w_j \quad \theta_i \quad \theta_j]^{\mathrm{T}} \tag{5-9}$$

外力向量为

$$\boldsymbol{F} = [N_i \quad N_j \quad Q_i \quad Q_j \quad M_i \quad M_j]^{\mathrm{T}} \tag{5-10}$$

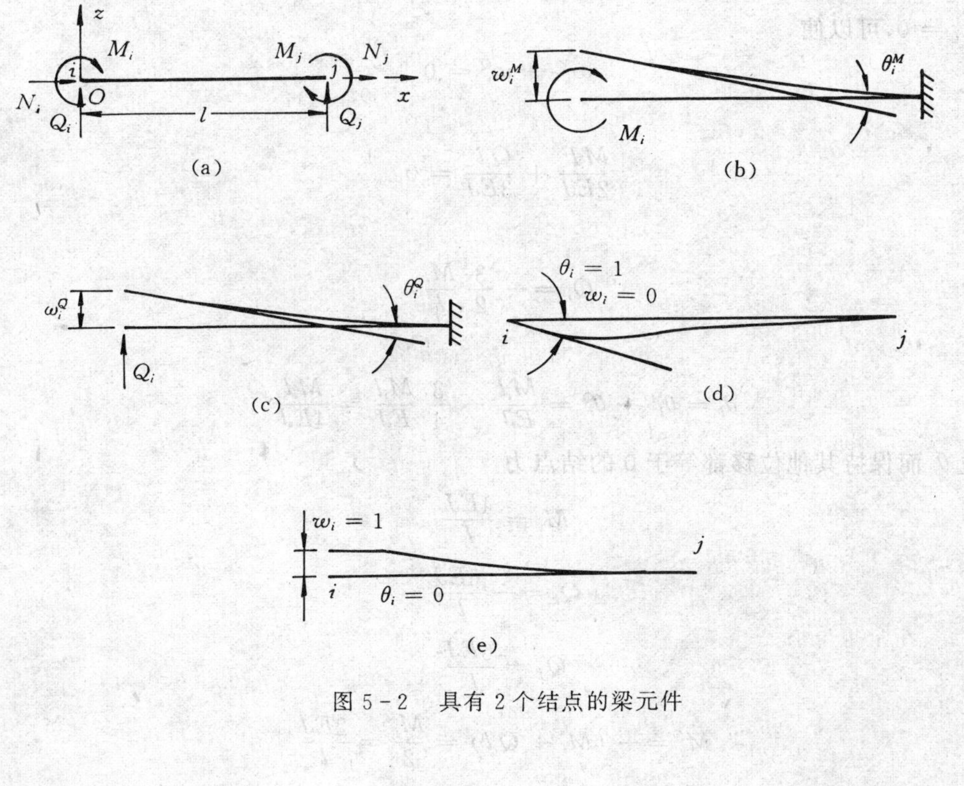

图 5-2　具有 2 个结点的梁元件

因为刚度矩阵 $\boldsymbol{K}$ 的任何一列(k 列)的元素,表示为了使 $\boldsymbol{u}$ 向量中第 k 个位移有单位值,而其余各个位移 $u_l(l \neq k)$ 均等于零时,在元件的结点上施加的各个广义力的值。由此,我们可以导出梁元件的刚度矩阵 $\boldsymbol{K}$。令

$$\boldsymbol{K} = \begin{bmatrix} k_{11} & k_{12} & k_{13} & k_{14} & k_{15} & k_{16} \\ k_{21} & k_{22} & k_{23} & k_{24} & k_{25} & k_{26} \\ k_{31} & k_{32} & k_{33} & k_{34} & k_{35} & k_{36} \\ k_{41} & k_{42} & k_{43} & k_{44} & k_{45} & k_{46} \\ k_{51} & k_{52} & k_{53} & k_{54} & k_{55} & k_{56} \\ k_{61} & k_{62} & k_{63} & k_{64} & k_{65} & k_{66} \end{bmatrix} \tag{5-11}$$

对图 5-2(b) 所示的模型进行计算,将结点 j 固持,保证了结点 j 处的位移都等于零。在结点 i 处加力矩 M_i,由小位移假设,$u_i = 0$,且由单位载荷法可求

$$\theta_i^M = \frac{M_i l}{EJ} \tag{5-12}$$

$$w_i^M = \frac{M_i l^2}{2EJ} \tag{5-13}$$

上标"M" 表示位移是由力矩 M_i 所引起的。

在结点 i 处加垂直向上的力 Q_i,Q_j 在结点 i 处引起的位移

$$\theta_i^Q = \frac{Q_i l^2}{2EJ} \tag{5-14}$$

$$w_i^Q = \frac{Q_i l^3}{3EJ} \tag{5-15}$$

为了使 $w_i = 0$,可以使

$$w_i^M + w_i^Q = 0$$

即

$$\frac{M_i l^2}{2EJ} + \frac{Q_i l^3}{3EJ} = 0$$

于是

$$Q_i = -\frac{3}{2}\frac{M_i}{l}$$

又

$$\theta_i = \theta_i^M + \theta_i^Q = \frac{M_i l}{EJ} - \frac{3}{4}\frac{M_i l}{EJ} = \frac{M_i l}{4EJ}$$

产生单位 θ_i 而保持其他位移都等于 0 的结点力

$$M_i = \frac{4EJ}{l}$$

$$Q_i = -\frac{6EJ}{l^2}$$

$$Q_j = \frac{6EJ}{l^2}$$

$$M_j = -(M_i + Q_i l) = \frac{M_i}{2} = \frac{2EJ}{l}$$

$$N_i = N_j = 0$$

这就是刚度矩阵式(5-11)的第5列

$$\boldsymbol{K}_5 = \begin{bmatrix} 0 & 0 & -\frac{6EJ}{l^2} & \frac{6EJ}{l^2} & \frac{4EJ}{l} & \frac{2EJ}{l} \end{bmatrix}^{\mathrm{T}}$$

利用式(5-12)～(5-15)，还可以很方便地得到图5-2(e)表示的变形模式，即 $w_i = 1$，而其余的位移都等于零。为此，令

$$\theta_i^M + \theta_i^Q = 0$$

可得 $M_i = -\frac{Q_i l}{2}$，于是

$$w_i = w_i^M + w_i^Q = -\frac{Q_i l^3}{4EJ} + \frac{Q_i l^3}{3EJ} = \frac{Q_i l^3}{12EJ}$$

当 $w_i = 1$ 时

$$Q_i = \frac{12EJ}{l^3}, \qquad M_i = -\frac{6EJ}{l^2}$$

$$Q_j = -\frac{12EJ}{l^3}, \qquad M_j = -\frac{6EJ}{l^2}$$

$$\boldsymbol{K}_3 = \begin{bmatrix} 0 & 0 & \frac{12EJ}{l^3} & -\frac{12EJ}{l^3} & -\frac{6EJ}{l^2} & -\frac{6EJ}{l^2} \end{bmatrix}^{\mathrm{T}}$$

对结点 j 的推导与上述方法完全相同，此处不再赘述。至于 $u_i = 1$ 和 $u_j = 1$ 引起的结点力，与桁架结构的一致，因此图5-2(a)所示梁元素的刚度矩阵为

$$\boldsymbol{K} = \begin{bmatrix} \frac{EA}{l} & -\frac{EA}{l} & 0 & 0 & 0 & 0 \\ -\frac{EA}{l} & \frac{EA}{l} & 0 & 0 & 0 & 0 \\ 0 & 0 & \frac{12EJ}{l^3} & -\frac{12EJ}{l^3} & -\frac{6EJ}{l^2} & -\frac{6EJ}{l^2} \\ 0 & 0 & -\frac{12EJ}{l^3} & \frac{12EJ}{l^3} & \frac{6EJ}{l^2} & \frac{6EJ}{l^2} \\ 0 & 0 & -\frac{6EJ}{l^2} & \frac{6EJ}{l^2} & \frac{4EJ}{l} & \frac{2EJ}{l} \\ 0 & 0 & -\frac{6EJ}{l^2} & \frac{6EJ}{l^2} & \frac{2EJ}{l} & \frac{4EJ}{l} \end{bmatrix} \tag{5-16}$$

注意到此刚度矩阵的排列顺序如式(5-9)，(5-10)所示，通常人们习惯将其排列成：

位移向量

$$\boldsymbol{u} = [u_i \quad w_i \quad \theta_i \quad u_j \quad w_j \quad \theta_j]^{\mathrm{T}} \tag{5-17}$$

外力向量为

$$\boldsymbol{F} = [N_i \quad Q_i \quad M_i \quad N_j \quad Q_j \quad M_j]^{\mathrm{T}} \tag{5-18}$$

此时刚度矩阵要作相应变换，变换结果为

$$
\boldsymbol{K}=\begin{bmatrix}
\dfrac{EA}{l} & 0 & 0 & -\dfrac{EA}{l} & 0 & 0 \\
0 & \dfrac{12EJ}{l^3} & -\dfrac{6EJ}{l^2} & 0 & -\dfrac{12EJ}{l^3} & -\dfrac{6EJ}{l^2} \\
0 & -\dfrac{6EJ}{l^2} & \dfrac{4EJ}{l} & 0 & \dfrac{6EJ}{l^2} & \dfrac{2EJ}{l} \\
-\dfrac{EA}{l} & 0 & 0 & \dfrac{EA}{l} & 0 & 0 \\
0 & -\dfrac{12EJ}{l^3} & \dfrac{6EJ}{l^2} & 0 & \dfrac{12EJ}{l^3} & \dfrac{6EJ}{l^2} \\
0 & -\dfrac{6EJ}{l^2} & \dfrac{2EJ}{l} & 0 & \dfrac{6EJ}{l^2} & \dfrac{4EJ}{l}
\end{bmatrix} \tag{5-19}
$$

由式(5－19)可见，刚度矩阵是对称的，但从表面上看，$\sum_{i=1}^{n} K_{ij}=0$ 的规律不存在。这种现象是由于梁元刚度矩阵中不仅有力，而且有力矩，它们的平衡不能用简单的加减来表示而造成。

5.3 坐标变换

以杆元件的轴线方向定为 x 轴，与 x 轴垂直方向定为 y 轴，此坐标系称为元素的“局部坐标系”。由于结构是由许多不同元素组成的，而各个元素的坐标系又是不全相同的，为了便于建立全结构的刚度方程，必须规定统一的坐标系，即把各元素的“局部坐标”向统一的“总体坐标”转换。

先考察图 5－3 中平面杆元的简单情况，重新将 x，y 坐标系定义为总体坐标系，而将 $\bar{x}$，$\bar{y}$ 坐标系定义为局部坐标系，总体坐标系与局部坐标系之间的夹角为 θ，则平面杆元素总体坐标系结点位移在局部坐标系分量有

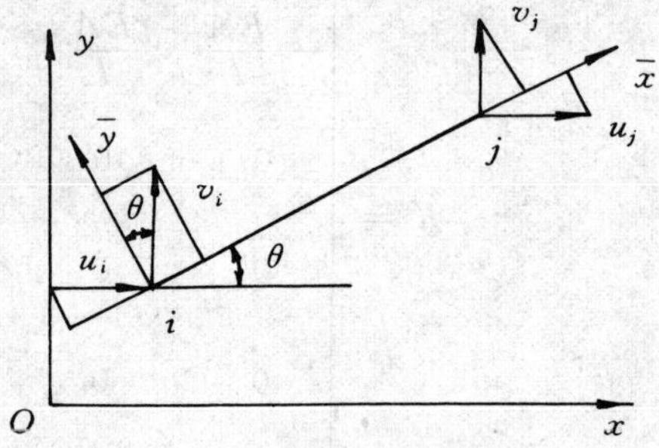

图 5－3　总体坐标与局部坐标

$$
\bar{u}_i = u_i\cos\theta + v_i\sin\theta
$$
$$
\bar{v}_i = -u_i\sin\theta + v_i\cos\theta
$$

同理

$$
\bar{u}_j = u_j\cos\theta + v_j\sin\theta
$$
$$
\bar{v}_j = -u_j\sin\theta + v_j\cos\theta
$$

写为矩阵形式

$$
\begin{bmatrix}\bar{u}_i\\ \bar{v}_i\\ \bar{u}_j\\ \bar{v}_j\end{bmatrix}=\begin{bmatrix}\cos\theta & \sin\theta & 0 & 0\\ -\sin\theta & \cos\theta & 0 & 0\\ 0 & 0 & \cos\theta & \sin\theta\\ 0 & 0 & -\sin\theta & \cos\theta\end{bmatrix}\begin{bmatrix}u_i\\ v_i\\ u_j\\ v_j\end{bmatrix}=\boldsymbol{T}\begin{bmatrix}u_i\\ v_i\\ u_j\\ v_j\end{bmatrix} \tag{5-20}
$$

式中，$\boldsymbol{T}$ 矩阵称为坐标变换矩阵。

利用类似的方法，可以建立总体坐标系与局部坐标系之间结点力的关系式。令 $\lambda=\cos\theta$，$\mu=\sin\theta$，则杆元素的坐标变换矩阵为

$$
\boldsymbol{T}=\begin{bmatrix} \lambda & \mu & & \\ -\mu & \lambda & \multicolumn{2}{c}{0_{2\times2}} \\ & & \lambda & \mu \\ \multicolumn{2}{c}{0_{2\times2}} & -\mu & \lambda \end{bmatrix} \tag{5-21}
$$

记

$$
\left.\begin{aligned} \bar{\boldsymbol{\delta}}^{e} &= [\bar{u}_i \quad \bar{v}_i \quad \bar{u}_j \quad \bar{v}_j]^{T} \\ \boldsymbol{\delta}^{e} &= [u_i \quad v_i \quad u_j \quad v_j]^{T} \end{aligned}\right\} \tag{5-22}
$$

$$
\left.\begin{aligned} \bar{\boldsymbol{F}}^{e} &= [\bar{U}_i \quad \bar{V}_i \quad \bar{U}_j \quad \bar{V}_j]^{T} \\ \boldsymbol{F}^{e} &= [U_i \quad V_i \quad U_j \quad V_j]^{T} \end{aligned}\right\} \tag{5-23}
$$

则有

$$
\bar{\boldsymbol{\delta}}^{e} = \boldsymbol{T}\,\boldsymbol{\delta}^{e} \tag{5-24}
$$

$$
\bar{\boldsymbol{F}}^{e} = \boldsymbol{T}\,\boldsymbol{F}^{e} \tag{5-25}
$$

对于平面梁元素，结点位移之间有

$$
\begin{aligned} \bar{u}_i &= u_i\cos\theta + w_i\sin\theta \\ \bar{w}_i &= -u_i\sin\theta + w_i\cos\theta \\ \bar{\theta}_i &= \theta_i \end{aligned}
$$

同理

$$
\begin{aligned} \bar{u}_j &= u_j\cos\theta + w_j\sin\theta \\ \bar{w}_j &= -u_j\sin\theta + w_j\cos\theta \\ \bar{\theta}_j &= \theta_j \end{aligned}
$$

写为矩阵形式

$$
\begin{bmatrix} \bar{u}_i \\ \bar{w}_i \\ \bar{\theta}_i \\ \bar{u}_j \\ \bar{w}_j \\ \bar{\theta}_j \end{bmatrix} = \begin{bmatrix} \lambda & \mu & 0 & & & \\ -\mu & \lambda & 0 & & 0_{3\times3} & \\ 0 & 0 & 1 & & & \\ & & & \lambda & \mu & 0 \\ & 0_{3\times3} & & -\mu & \lambda & 0 \\ & & & 0 & 0 & 1 \end{bmatrix} \begin{bmatrix} u_i \\ w_i \\ \theta_i \\ u_j \\ w_j \\ \theta_j \end{bmatrix} = \boldsymbol{T} \begin{bmatrix} u_i \\ w_i \\ \theta_i \\ u_j \\ w_j \\ \theta_j \end{bmatrix} \tag{5-26}
$$

梁元素的坐标变换矩阵为

$$
\boldsymbol{T}=\begin{bmatrix} \lambda & \mu & 0 & & & \\ -\mu & \lambda & 0 & & 0_{3\times3} & \\ 0 & 0 & 1 & & & \\ & & & \lambda & \mu & 0 \\ & 0_{3\times3} & & -\mu & \lambda & 0 \\ & & & 0 & 0 & 1 \end{bmatrix} \tag{5-27}
$$

记

$$
\left.\begin{aligned} \bar{\boldsymbol{\delta}}^{e} &= [\bar{u}_i \quad \bar{w}_i \quad \bar{\theta}_i \quad \bar{u}_j \quad \bar{w}_j \quad \bar{\theta}_j]^{T} \\ \boldsymbol{\delta}^{e} &= [u_i \quad w_i \quad \theta_i \quad u_j \quad w_j \quad \theta_j]^{T} \end{aligned}\right\} \tag{5-28}
$$

$$
\left.\begin{aligned} \bar{\boldsymbol{F}}^{e} &= [\bar{N}_i \quad \bar{Q}_i \quad \bar{M}_i \quad \bar{N}_j \quad \bar{Q}_j \quad \bar{M}_j]^{T} \\ \boldsymbol{F}^{e} &= [N_i \quad Q_i \quad M_i \quad N_j \quad Q_j \quad M_j]^{T} \end{aligned}\right\} \tag{5-29}
$$

式(5－26)同样可以写为

$$\overline{\boldsymbol{\delta}}^e = \boldsymbol{T}\,\boldsymbol{\delta}^e \tag{5-30}$$

同理

$$\overline{\boldsymbol{F}}^e = \boldsymbol{T}\,\boldsymbol{F}^e \tag{5-31}$$

5.4　元素在总体坐标系下的刚度矩阵

因为

$$\boldsymbol{F}^e = \boldsymbol{T}^{-1}\overline{\boldsymbol{F}}^e = \boldsymbol{T}^{-1}\overline{\boldsymbol{K}}^e\overline{\boldsymbol{\delta}}^e = \boldsymbol{T}^{-1}\overline{\boldsymbol{K}}^e\boldsymbol{T}\boldsymbol{\delta}^e = \boldsymbol{K}^e\boldsymbol{\delta}^e \tag{5-32}$$

$\boldsymbol{T}$ 为正交矩阵，即有 $\boldsymbol{T}^{-1} = \boldsymbol{T}^{\mathrm{T}}$，代入式(5－16)，得到在两个坐标轴中元素刚度矩阵的转换关系式为

$$\boldsymbol{K}^e = \boldsymbol{T}^{\mathrm{T}}\overline{\boldsymbol{K}}^e\boldsymbol{T} \tag{5-33}$$

杆元素在局部坐标系下的的刚度矩阵利用添零升阶的方法扩充为

$$\overline{\boldsymbol{K}} = \frac{EA}{L}\begin{bmatrix} 1 & 0 & -1 & 0 \\ 0 & 0 & 0 & 0 \\ -1 & 0 & 1 & 0 \\ 0 & 0 & 0 & 0 \end{bmatrix}$$

按式(5－17)做矩阵乘法，得出杆元素对总体坐标系的刚度矩阵

$$\boldsymbol{K} = \boldsymbol{T}^{\mathrm{T}}\overline{\boldsymbol{K}}\boldsymbol{T} = \frac{EA}{L}\begin{bmatrix} \lambda^2 & \lambda\mu & -\lambda^2 & -\lambda\mu \\ \lambda\mu & \mu^2 & -\lambda\mu & -\mu^2 \\ -\lambda^2 & -\lambda\mu & \lambda^2 & \lambda\mu \\ -\lambda\mu & -\mu^2 & \lambda\mu & \mu^2 \end{bmatrix} \tag{5-34}$$

需要指出：由于 $\boldsymbol{T}$ 矩阵中仅仅包含坐标的倾角，当坐标平移时 $\boldsymbol{T}$ 矩阵变成单位阵 $\boldsymbol{I}$，对刚度矩阵没有影响。因而如果仅平行移动坐标轴，刚度矩阵中元素值不变。

梁元素在总体坐标下的刚度矩阵由式(5－19)、式(5－27)代入式(5－33)即得。

5.5　结构刚度矩阵及平衡方程

以上讨论了元素刚度矩阵的求法及局部坐标系元素刚度矩阵向总体坐标系元素刚度矩阵的变换，本节将讨论结构刚度矩阵的形成。

以桁架为例，从桁架结构中取出一个结点 i，如图 5－4 所示，研究点 i 的平衡。设与 i 点相连的杆元素共有 n 个，结点 i 承受沿总体坐标方向的外载 X_i，Y_i。则典型元素 ij 的平衡方程可以写为

$$\begin{bmatrix} \boldsymbol{F}_i \\ \boldsymbol{F}_j \end{bmatrix}^j = \begin{bmatrix} \boldsymbol{K}_{ii} & \boldsymbol{K}_{ij} \\ \boldsymbol{K}_{ji} & \boldsymbol{K}_{jj} \end{bmatrix}^j \begin{bmatrix} \boldsymbol{\delta}_i \\ \boldsymbol{\delta}_j \end{bmatrix}^j \tag{5-35}$$

式中，上标 j 表示元素编号。为了表示简便，此处元素编号与结点编号取为一致，例如杆 $i-1$ 元素编号为 1，注意 $i \neq j$。

当元素 ij 发生位移 δ_i^j 时，结点 i 提供给杆元的结点力为

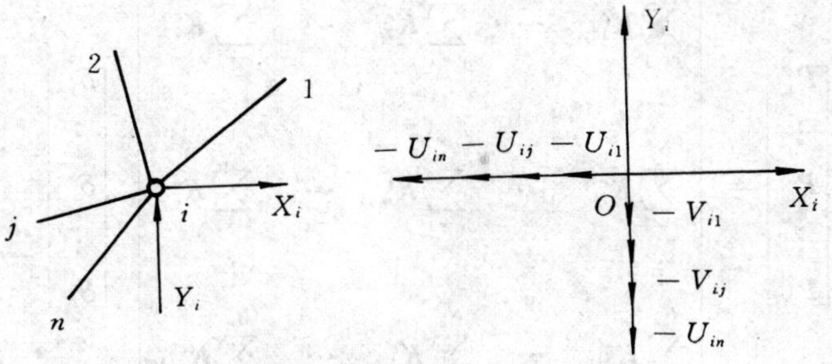

图 5-4　结点 i 的平衡

$$\boldsymbol{F}_i^j = \boldsymbol{K}_{ii}^j\boldsymbol{\delta}_i^j + \boldsymbol{K}_{ij}^j\boldsymbol{\delta}_i^j = \begin{bmatrix} U_{ij} \\ V_{ij} \end{bmatrix} \tag{5-36}$$

式中，$\boldsymbol{F}_i^j$ 表示第 j 个元素在结点 i 处的结点力向量列阵。

杆元素作用给结点 i 的力则为

$$-\boldsymbol{F}_i^j = \begin{bmatrix} -U_{ij} \\ -V_{ij} \end{bmatrix} \tag{5-37}$$

当所有和 i 点相连的杆元都发生结点位移时，作用到 i 点上的力则与 i 点的外载荷平衡，令外载荷

$$\boldsymbol{P}_i = \begin{bmatrix} X_i \\ Y_i \end{bmatrix} \tag{5-38}$$

于是 i 点的平衡方程为

$$\begin{bmatrix} X_i \\ Y_i \end{bmatrix} - \begin{bmatrix} U_{i1} \\ V_{i1} \end{bmatrix} - \begin{bmatrix} U_{i2} \\ V_{i2} \end{bmatrix} - \cdots - \begin{bmatrix} U_{in} \\ V_{in} \end{bmatrix} = \boldsymbol{0}$$

或

$$\boldsymbol{P}_i - \boldsymbol{F}_i^1 - \boldsymbol{F}_i^2 - \cdots - \boldsymbol{F}_i^n = \boldsymbol{0} \tag{5-39}$$

式中，$\boldsymbol{F}_i^1$, $\boldsymbol{F}_i^2$, …, $\boldsymbol{F}_i^n$ 分别表示元素 1, 2, …, n 在结点 i 处的结点力向量列阵。

总体坐标系中自由结点 i 的位移列阵若为 $\boldsymbol{\delta}_i$，由变形协调条件，各元素在结点 i 的位移必须均等于 $\boldsymbol{\delta}_i$，即

$$\boldsymbol{\delta}_i^1 = \boldsymbol{\delta}_i^2 = \cdots = \boldsymbol{\delta}_i^n = \boldsymbol{\delta}_i \tag{5-40}$$

式中，$\boldsymbol{\delta}_i^1$, $\boldsymbol{\delta}_i^2$, …, $\boldsymbol{\delta}_i^n$ 分别表示元素 1, 2, …, n 在结点 i 处的位移向量列阵。

将式(5-36)及式(5-40)代入式(5-39)，得

$$\boldsymbol{P}_i - \boldsymbol{F}_i^1 - \boldsymbol{F}_i^2 - \cdots - \boldsymbol{F}_i^n - \boldsymbol{P}_i = [\boldsymbol{K}_{ii}^1 + \boldsymbol{K}_{ii}^2 + \cdots + \boldsymbol{K}_{ii}^n]\boldsymbol{\delta}_i - \boldsymbol{K}_{i1}^1\boldsymbol{\delta}_1^1 - \boldsymbol{K}_{i2}^2\boldsymbol{\delta}_2^2 - \cdots - \boldsymbol{K}_{in}^n\boldsymbol{\delta}_n^n = \boldsymbol{0} \tag{5-41}$$

将全结构 N 个结点的结点位移和载荷列阵记为

$$\boldsymbol{\delta} = [\boldsymbol{\delta}_1, \boldsymbol{\delta}_2, \cdots, \boldsymbol{\delta}_j, \cdots, \boldsymbol{\delta}_N]^{\mathrm{T}} \tag{5-42}$$

$$\boldsymbol{P} = [\boldsymbol{P}_1, \boldsymbol{P}_2, \cdots, \boldsymbol{P}_j, \cdots, \boldsymbol{P}_N]^{\mathrm{T}} \tag{5-43}$$

考虑全部 N 个结点的平衡，则全结构的平衡方程可以写为

$$
\begin{bmatrix} \boldsymbol{P}_1 \\ \vdots \\ \boldsymbol{P}_i \\ \vdots \\ \boldsymbol{P}_N \end{bmatrix} = \begin{bmatrix} \sum_{e=1}^{N_e} \boldsymbol{K}_{11}^e & \cdots & \sum_{e=1}^{N_e} \boldsymbol{K}_{1i}^e & \cdots & \sum_{e=1}^{N_e} \boldsymbol{K}_{1N}^e \\ \vdots & & & & \vdots \\ \sum_{e=1}^{N_e} \boldsymbol{K}_{i1}^e & \cdots & \sum_{e=1}^{N_e} \boldsymbol{K}_{ii}^e & \cdots & \sum_{e=1}^{N_e} \boldsymbol{K}_{iN}^e \\ \vdots & & & & \vdots \\ \sum_{e=1}^{N_e} \boldsymbol{K}_{N1}^e & \cdots & \sum_{e=1}^{N_e} \boldsymbol{K}_{Ni}^e & \cdots & \sum_{e=1}^{N_e} \boldsymbol{K}_{NN}^e \end{bmatrix} \begin{bmatrix} \boldsymbol{\delta}_1 \\ \vdots \\ \boldsymbol{\delta}_i \\ \vdots \\ \boldsymbol{\delta}_N \end{bmatrix} \tag{5-44}
$$

式中，N_e 为桁架杆元素总数。式(5-44)可简写为

$$
\boldsymbol{P} = \boldsymbol{K}\,\boldsymbol{\delta} \tag{5-45}
$$

式中，$\boldsymbol{K}$ 为全结构刚度矩阵，它由各元素的刚度矩阵按结点位移在结点总位移中的位置装配而成。如果一个元素包括 i 点，则提供相应元素的刚度系数；若不包括 i 点，则提供零刚度系数。

由上述分析可知，位移法的刚度方程式为全结构的平衡方程。

5.6 边界条件的处理

由三根杆元素组成的简单桁架如图 5-5 所示，用元素刚度矩阵求和的方法求的全结构刚度方程为

$$
\begin{bmatrix} U_1 \\ V_1 \\ U_2 \\ V_2 \\ U_3 \\ V_3 \\ U_4 \\ V_4 \end{bmatrix} = \frac{EA}{\sqrt{2}\,l} \begin{bmatrix} 2 & 0 & -1 & -1 & 0 & 0 & -1 & 1 \\ 0 & 2+\sqrt{2} & -1 & -1 & 0 & -\sqrt{2} & 1 & -1 \\ -1 & -1 & 1 & 1 & 0 & 0 & 0 & 0 \\ -1 & -1 & 1 & 1 & 0 & 0 & 0 & 0 \\ 0 & 0 & 0 & 0 & 0 & 0 & 0 & 0 \\ 0 & -\sqrt{2} & 0 & 0 & 0 & \sqrt{2} & 0 & 0 \\ -1 & 1 & 0 & 0 & 0 & 0 & 1 & -1 \\ 1 & -1 & 0 & 0 & 0 & 0 & -1 & 1 \end{bmatrix} \begin{bmatrix} u_1 \\ v_1 \\ u_2 \\ v_2 \\ u_3 \\ v_3 \\ u_4 \\ v_4 \end{bmatrix}
$$

因为载荷列阵包括了外载荷及全部支反力，桁架可以看成是在力系 $\boldsymbol{R}$ 作用下的平衡自由结构。它可在 xy 平面上作 3 个刚体位移，且满足 3 个平衡方程，即

$$
\sum X = 0, \quad \sum Y = 0, \quad \sum M = 0
$$

例如，由

$$
\sum X = U_1 + U_2 + U_3 + U_4 = 0
$$

有

$$
U_1 = -(U_2 + U_3 + U_4)
$$

这样，第一个代数方程

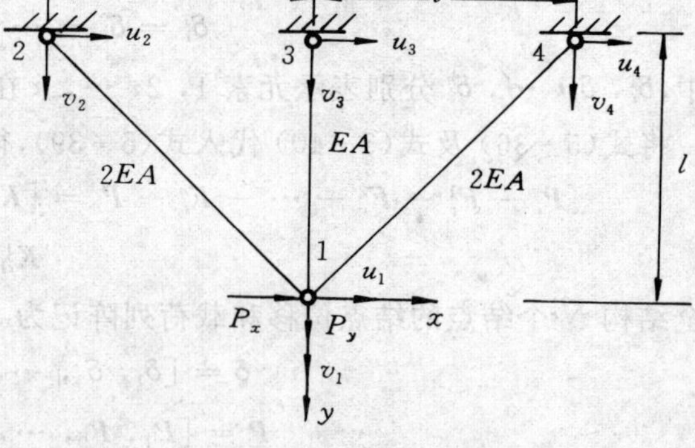

图 5-5 简单桁架

$$U_1 = \frac{EA}{\sqrt{2}\,l}(2u_1 - u_2 - v_2 - u_4 + v_4)$$

就可由第 3,5,7 个代数方程乘以 -1 再相加得到。故刚度矩阵第 1，3，5，7 行是线性相关的，同样 $\boldsymbol{K}$ 的 2，4，6，8 行也是线性相关的。

如果线性相关行列不处理，$\boldsymbol{K}$ 是奇异矩阵，不能求逆。在结构分析中，采用引入边界条件的办法删去相关的行(列)。如果一个结构的刚体位移被限制，则位移被限制的这些支反力自行保持全结构的平衡，也即这些反力必然是其他外力的线性组合，而它所对应的行(列)，恰恰是线性相关的行列，边界条件处理之后，自然 $\boldsymbol{K}$ 中线性相关的行(列) 就删去，处理之后的 $\boldsymbol{K}$ 变成可逆的。因而，对于一个平衡外力系作用下的可移动结构，只有限制了刚体位移之后才能进行计算。

结构边界条件的处理方法有多种，这里我们仅介绍人工计算时常用的方法。若结构中有某些结点自由度 $\boldsymbol{\delta}_\beta$ 是已知的，可将刚度方程中自由度的顺序重新排列为

$$\begin{bmatrix} \boldsymbol{K}_{\alpha\alpha} & \boldsymbol{K}_{\alpha\beta} \\ \boldsymbol{K}_{\beta\alpha} & \boldsymbol{K}_{\beta\beta} \end{bmatrix} \begin{bmatrix} \boldsymbol{\delta}_\alpha \\ \boldsymbol{\delta}_\beta \end{bmatrix} = \begin{bmatrix} \boldsymbol{R}_\alpha \\ \boldsymbol{R}_\beta \end{bmatrix}$$

式中　$\boldsymbol{\delta}_\alpha$ —— 自由结点位移列阵，待求的；

$\boldsymbol{R}_\alpha$ —— 对应于自由结点位移的载荷列阵，已知的；

$\boldsymbol{\delta}_\beta$ —— 已知结点位移；

$\boldsymbol{R}_\beta$ —— 与 $\boldsymbol{\delta}_\beta$ 对应的约束力，未知的。

将上式用矩阵分块方法计算，有

$$\boldsymbol{K}_{\alpha\alpha}\boldsymbol{\delta}_\alpha + \boldsymbol{K}_{\alpha\beta}\boldsymbol{\delta}_\beta = \boldsymbol{R}_\alpha \tag{1}$$

$$\boldsymbol{K}_{\beta\alpha}\boldsymbol{\delta}_\alpha + \boldsymbol{K}_{\beta\beta}\boldsymbol{\delta}_\beta = \boldsymbol{R}_\beta \tag{2}$$

由式(1) 得

$$\boldsymbol{\delta}_\alpha = \boldsymbol{K}_{\alpha\alpha}^{-1}\boldsymbol{R}_\alpha - \boldsymbol{K}_{\alpha\beta}\boldsymbol{\delta}_\beta \tag{3}$$

式(3) 代式(2) 得

$$\boldsymbol{R}_\beta = \boldsymbol{K}_{\beta\alpha}\boldsymbol{K}_{\alpha\alpha}^{-1}(\boldsymbol{R}_\alpha - \boldsymbol{K}_{\alpha\beta}\boldsymbol{\delta}_\beta) + \boldsymbol{K}_{\beta\beta}\boldsymbol{\delta}_\beta \tag{4}$$

从而可求得结点位移 $\boldsymbol{\delta}_\alpha$ 和约束反力 $\boldsymbol{\delta}_\beta$。

显然当已知位移等于零，即 $\boldsymbol{\delta}_\beta = \boldsymbol{0}$ 时，则

$$\boldsymbol{\delta}_\alpha = \boldsymbol{K}_{\alpha\alpha}^{-1}\boldsymbol{R}_\alpha \tag{5-46}$$

由式(5-46) 可见，对应零位移边界情况，从总刚矩阵中删去零位移所对应的行和列，得到缩聚后的刚度矩阵。因为缩聚之后的刚度矩阵是可逆的，由式(5-46) 可直接解出自由结点未知位移。这种方法也称为 删行删列法。

对于图 5-6(a) 所示结点 i 的支座为斜的可动铰支座。设支座 i 的局部坐标为 $\bar{x}$，$\bar{y}$，$\bar{x}$ 与总体坐标 x 的夹角为 θ。

由图 5-6(b) 可知，两种坐标位移之间的变换关系为

$$\begin{bmatrix} u \\ v \end{bmatrix} = \begin{bmatrix} \cos\theta & -\sin\theta \\ \sin\theta & \cos\theta \end{bmatrix} \begin{bmatrix} \bar{u} \\ \bar{v} \end{bmatrix} = \boldsymbol{L} \begin{bmatrix} \bar{u} \\ \bar{v} \end{bmatrix}$$

结点力的变换关系为

$$\begin{bmatrix} F_x \\ F_y \end{bmatrix} = \begin{bmatrix} \cos\theta & -\sin\theta \\ \sin\theta & \cos\theta \end{bmatrix} \begin{bmatrix} \bar{F}_x \\ \bar{F}_y \end{bmatrix} = \boldsymbol{L} \begin{bmatrix} \bar{F}_x \\ \bar{F}_y \end{bmatrix}$$

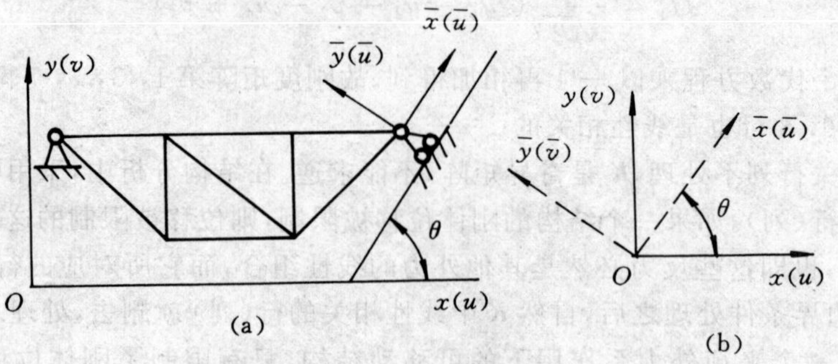

图 5-6　斜可动铰支座

令

$$\boldsymbol{\Delta}=\begin{bmatrix}u\\v\end{bmatrix},\qquad \overline{\boldsymbol{\Delta}}=\begin{bmatrix}\bar{u}\\\bar{v}\end{bmatrix}$$

$$\boldsymbol{F}=\begin{bmatrix}F_x\\F_y\end{bmatrix},\qquad \overline{\boldsymbol{F}}=\begin{bmatrix}\overline{F}_x\\\overline{F}_y\end{bmatrix}$$

设结构刚度方程为

$$\begin{bmatrix}K_{11} & K_{12} & \cdots & K_{1i} & \cdots & K_{1n}\\ \vdots & & & & & \vdots\\ K_{i1} & K_{i2} & \cdots & K_{ii} & \cdots & K_{in}\\ \vdots & & & & & \vdots\\ K_{n1} & K_{n2} & \cdots & K_{ni} & \cdots & K_{nn}\end{bmatrix}\begin{bmatrix}\Delta_1\\\Delta_2\\\vdots\\\Delta_i\\\vdots\\\Delta_n\end{bmatrix}=\begin{bmatrix}F_1\\F_2\\\vdots\\F_i\\\vdots\\F_n\end{bmatrix} \tag{5-47}$$

已知点 i 为斜支座，有

$$\boldsymbol{\Delta}_i=\boldsymbol{L}\overline{\boldsymbol{\Delta}}_i,\qquad \boldsymbol{F}_i=\boldsymbol{L}\overline{\boldsymbol{F}}_i \tag{5-48}$$

将式(5-48)代入式(5-47)

$$\begin{bmatrix}K_{11} & K_{12} & \cdots & K_{1i}K & \cdots & K_{1n}\\ \vdots & & & & & \vdots\\ K_{i1} & K_{i2} & \cdots & K_{ii}L & \cdots & K_{in}\\ \vdots & & & & & \vdots\\ K_{n1} & K_{n2} & \cdots & K_{ni}L & \cdots & K_{nn}\end{bmatrix}\begin{bmatrix}\Delta_1\\\Delta_2\\\vdots\\\overline{\Delta}_i\\\vdots\\\Delta_n\end{bmatrix}=\begin{bmatrix}F_1\\F_2\\\vdots\\L\overline{F}_i\\\vdots\\F_n\end{bmatrix} \tag{5-49}$$

将式(5-49)中第 i 个方程式的等号左、右各乘以 $\boldsymbol{L}^{-1}$，又因为 $\boldsymbol{L}$ 为正交矩阵，$\boldsymbol{L}^{-1}=\boldsymbol{L}^{\mathrm{T}}$，于是，替代后的方程为

$$\begin{bmatrix}K_{11} & K_{12} & \cdots & K_{1i}K & \cdots & K_{1n}\\ \vdots & & & & & \vdots\\ L^{\mathrm{T}}K_{i1} & L^{\mathrm{T}}K_{i2} & \cdots & L^{\mathrm{T}}K_{ii}L & \cdots & L^{\mathrm{T}}K_{in}\\ \vdots & & & & & \vdots\\ K_{n1} & K_{n2} & \cdots & K_{ni}L & \cdots & K_{nn}\end{bmatrix}\begin{bmatrix}\Delta_1\\\Delta_2\\\vdots\\\overline{\Delta}_i\\\vdots\\\Delta_n\end{bmatrix}=\begin{bmatrix}F_1\\F_2\\\vdots\\\overline{F}_i\\\vdots\\F_n\end{bmatrix} \tag{5-50}$$

由式(5-50)可以看出，凡是边界结点有斜支座时，刚度方程对应于斜支座的位移和结点力向量都可以直接用斜支座的局部坐标表示。同时，原刚度矩阵中对应的行与列各元素都应作相应的变换。

当结构为平衡力系作用下的自由结构时，结构刚度矩阵也是奇异的。为了求解结构的位移，必须引入相当数量的外约束。如图5-7(a)所示的平面刚框，引入静定的约束如图5-7(b)所示。显然，在此静定的外约束支持下，结构的位移相对于支持来说为确定值，且其应力状态与图5-7(a)图的应力状态完全一致。

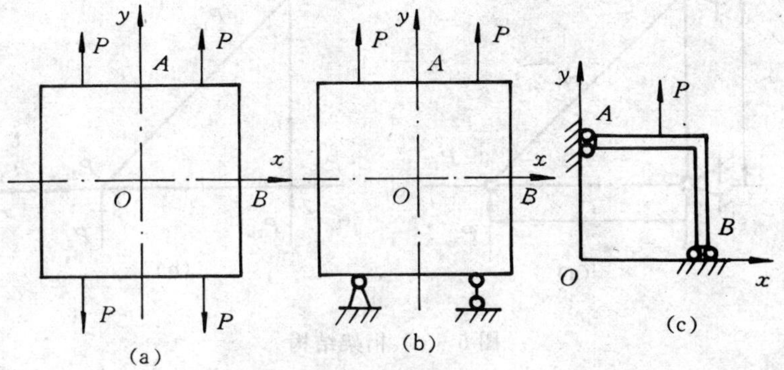

图5-7 自由结构

对于图5-7所示结构，还可以充分利用其对称条件，取结构的四分之一计算，如图5-7(c)所示。根据结构对称面上对称变形的特点，给出 A 点和 B 点的位移约束条件

$$\begin{bmatrix} u_A \\ \theta_A \end{bmatrix} = \mathbf{0}, \qquad \begin{bmatrix} v_B \\ \theta_B \end{bmatrix} = \mathbf{0}$$

位移法与力法利用对称及反对称条件时均可减少结构元件数。它们不同点是：力法通过对称性减少静不定度，在对称面上，给出零力条件；而位移法则利用对称性减少结构自由度数，在对称面上，给出零位移条件。

5.7 位移法结构分析

位移法结构分析的步骤为：

(1) 选定结构总体坐标系，进行结点及元素编号；

(2) 按照编号顺序列出结点位移向量列阵及结点力向量列阵；

(3) 建立元素在总体坐标下的刚度矩阵；

(4) 用集合方法建立总体刚度矩阵；

(5) 利用给定位移边界条件，求得结点位移；

(6) 求出结构的支反力、结点力、内力等。

例5-1 用位移法求图5-8所示桁架结构的结点位移及结构支反力，桁架各杆的 EA 相同。

解 (1) 选取 Oxy 坐标系为总体坐标系，其编号如图5-8(b)所示。

(2) 按编号顺序列出结点力与结点位移列阵 $\boldsymbol{P}$ 与 $\boldsymbol{\Delta}$。

$$\boldsymbol{P}=\begin{bmatrix}P_{1x} & P_{1y} & P_{2x} & P_{2y} & P_{3x} & P_{3y}\end{bmatrix}^{\mathrm{T}}$$

$$\boldsymbol{\Delta}=\begin{bmatrix}u_1 & v_1 & u_2 & v_2 & u_3 & v_3\end{bmatrix}^{\mathrm{T}}$$

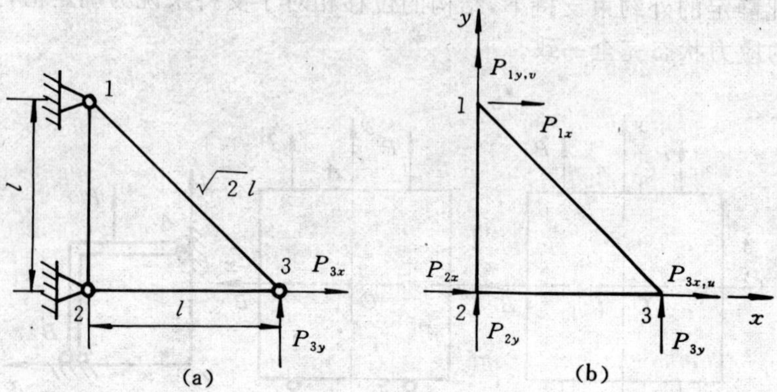

图 5-8　桁架结构

(3) 建立元素刚度矩阵。杆元 1-2，长度为 l，$\theta=270°$，$\lambda=\cos270°=0$，$\mu=\sin270°=-1$，元素刚度矩阵为

$$\boldsymbol{K}_{1\text{-}2}=\frac{EA}{l}\begin{bmatrix}0 & 0 & 0 & 0\\ 0 & 1 & 0 & -1\\ 0 & 0 & 0 & 0\\ 0 & -1 & 0 & 1\end{bmatrix}$$

杆元 2-3，长度为 l，$\theta=0°$，$\lambda=\cos0°=1$，$\mu=\sin0°=0$，元素刚度矩阵为

$$\boldsymbol{K}_{2\text{-}3}=\frac{EA}{l}\begin{bmatrix}1 & 0 & -1 & 0\\ 0 & 0 & 0 & 0\\ -1 & 0 & 1 & 0\\ 0 & 0 & 0 & 0\end{bmatrix}$$

杆元 1-3，长度为 $\sqrt{2}\,l$，$\theta=315°$，$\lambda=\cos315°=\dfrac{1}{\sqrt{2}}$，$\mu=\sin315°=-\dfrac{1}{\sqrt{2}}$，元素刚度矩阵为

$$\boldsymbol{K}_{1\text{-}3}=\frac{EA}{2\sqrt{2}\,l}\begin{bmatrix}1 & -1 & -1 & 1\\ -1 & 1 & 1 & -1\\ -1 & 1 & 1 & -1\\ 1 & -1 & -1 & 1\end{bmatrix}$$

(4) 建立结构刚度方程

$$
\begin{bmatrix} P_{1x} \\ P_{1y} \\ P_{2x} \\ P_{2y} \\ P_{3x} \\ P_{4y} \end{bmatrix} = \frac{EA}{l}
\begin{bmatrix}
\frac{1}{2\sqrt{2}} & -\frac{1}{2\sqrt{2}} & 0 & 0 & -\frac{1}{2\sqrt{2}} & \frac{1}{2\sqrt{2}} \\
-\frac{1}{2\sqrt{2}} & 1+\frac{1}{2\sqrt{2}} & 0 & -1 & \frac{1}{2\sqrt{2}} & -\frac{1}{2\sqrt{2}} \\
0 & 0 & 1 & 0 & -1 & 0 \\
0 & -1 & 0 & 1 & 0 & 0 \\
-\frac{1}{2\sqrt{2}} & \frac{1}{2\sqrt{2}} & -1 & 0 & 1+\frac{1}{2\sqrt{2}} & -\frac{1}{2\sqrt{2}} \\
\frac{1}{2\sqrt{2}} & -\frac{1}{2\sqrt{2}} & 0 & 0 & -\frac{1}{2\sqrt{2}} & \frac{1}{2\sqrt{2}}
\end{bmatrix}
\begin{bmatrix} u_1 \\ v_1 \\ u_2 \\ v_2 \\ u_3 \\ v_3 \end{bmatrix}
$$

（5）求结点位移。将刚度矩阵 $\boldsymbol{K}$ 分割为子阵 $\boldsymbol{A},\boldsymbol{B},\boldsymbol{C},\boldsymbol{D}$

$$
\boldsymbol{K} = \begin{bmatrix} \boldsymbol{A}_{4\times 4} & \boldsymbol{B}_{4\times 2} \\ \boldsymbol{B}_{2\times 4}^{\mathrm{T}} & \boldsymbol{D}_{2\times 2} \end{bmatrix}
$$

则刚度方程为

$$
\begin{bmatrix} P_{1x} \\ P_{1y} \\ P_{2x} \\ P_{2y} \\ P_{3x} \\ P_{3y} \end{bmatrix} = \begin{bmatrix} \boldsymbol{A}_{4\times 4} & \boldsymbol{B}_{4\times 2} \\ \boldsymbol{B}_{2\times 4}^{\mathrm{T}} & \boldsymbol{D}_{2\times 2} \end{bmatrix} \begin{bmatrix} u_1 \\ v_1 \\ u_2 \\ v_2 \\ u_3 \\ v_3 \end{bmatrix}
$$

代入位移边界条件

$$
\begin{bmatrix} P_{1x} \\ P_{1y} \\ P_{2x} \\ P_{2y} \\ P_{3x} \\ P_{3y} \end{bmatrix} = \begin{bmatrix} \boldsymbol{A}_{4\times 4} & \boldsymbol{B}_{4\times 2} \\ \boldsymbol{B}_{2\times 4}^{\mathrm{T}} & \boldsymbol{D}_{2\times 2} \end{bmatrix} \begin{bmatrix} 0 \\ 0 \\ 0 \\ 0 \\ u_3 \\ v_3 \end{bmatrix}
$$

按照分块子阵乘法规则

$$
\begin{bmatrix} P_{1x} \\ P_{1y} \\ P_{2x} \\ P_{2y} \end{bmatrix} = \boldsymbol{B}_{4\times 2} \begin{bmatrix} u_3 \\ v_3 \end{bmatrix}
$$

$$
\begin{bmatrix} P_{3x} \\ P_{3y} \end{bmatrix} = \boldsymbol{D}_{2\times 2} \begin{bmatrix} u_3 \\ v_3 \end{bmatrix}
$$

$$
\begin{bmatrix} u_3 \\ v_3 \end{bmatrix} = \boldsymbol{D}^{-1} \begin{bmatrix} P_{3x} \\ P_{3y} \end{bmatrix} = \frac{l}{EA} \begin{bmatrix} 1 & 1 \\ 1 & 1+2\sqrt{2} \end{bmatrix} \begin{bmatrix} P_{3x} \\ P_{3y} \end{bmatrix} = \frac{l}{EA} \begin{bmatrix} P_{3x} + P_{3y} \\ P_{3x} + (1+2\sqrt{2}) P_{3x} \end{bmatrix}
$$

位移为正，则方向与坐标轴正向一致。

（6）求结构支反力

$$\begin{bmatrix}P_{1x}\\P_{1y}\\P_{2x}\\P_{2y}\end{bmatrix}=\boldsymbol{B}_{4\times 2}\begin{bmatrix}u_3\\v_3\end{bmatrix}=\frac{EA}{l}\begin{bmatrix}-\frac{1}{2\sqrt{2}} & \frac{1}{2\sqrt{2}}\\ \frac{1}{2\sqrt{2}} & -\frac{1}{2\sqrt{2}}\\ -1 & 0\\ 0 & 0\end{bmatrix}\times\frac{l}{EA}\begin{bmatrix}P_{3x}+P_{3y}\\ P_{3x}+(1+2\sqrt{2})P_{3y}\end{bmatrix}$$

如将给定的外载荷 $P_{3x}=0$ 及 $P_{3y}=P$，代入，可求得支反力为

$$\begin{bmatrix}P_{1x}\\P_{1y}\\P_{2x}\\P_{2y}\end{bmatrix}=\begin{bmatrix}P\\-P\\-P\\0\end{bmatrix}$$

P_{1x} 与坐标轴正向一致，P_{1y}，P_{2x} 与坐标轴正向相反。

(7) 求元素结点力及内力。将已求出的位移分别代入元素刚度方程中，可得到各元素的结点力 U_{ij}，V_{ij}。下标 i 表示所讨论点杆端的结点号，j 表示杆的另一端的结点号。

杆 1－2

$$\begin{bmatrix}U_{12}\\V_{12}\\U_{21}\\V_{21}\end{bmatrix}=\frac{EA}{l}\begin{bmatrix}0&0&0&0\\0&1&0&-1\\0&0&0&0\\0&-1&0&1\end{bmatrix}\begin{bmatrix}0\\0\\0\\0\end{bmatrix}=\begin{bmatrix}0\\0\\0\\0\end{bmatrix}$$

内力
$$N_{1-2}=0$$

杆 2－3

$$\begin{bmatrix}U_{23}\\V_{23}\\U_{32}\\V_{32}\end{bmatrix}=\frac{EA}{l}\begin{bmatrix}1&0&-1&0\\0&0&0&0\\-1&0&1&0\\0&0&0&0\end{bmatrix}\begin{bmatrix}0\\0\\ \frac{l}{EA}(P_{3x}+P_{3y})\\ \frac{l}{EA}P_{3x}+(1+2\sqrt{2})P_{3y})\end{bmatrix}=\begin{bmatrix}-P\\0\\P\\0\end{bmatrix}$$

内力
$$N_{2-3}=\sqrt{U_{23}^2+V_{23}^2}=P$$

由杆 2－3 结点力的方向可判断杆子受拉。

杆 1－3

$$\begin{bmatrix}U_{13}\\V_{13}\\U_{31}\\V_{31}\end{bmatrix}=\frac{EA}{2\sqrt{2}l}\begin{bmatrix}1&-1&-1&1\\-1&1&1&-1\\-1&1&1&-1\\1&-1&-1&1\end{bmatrix}\begin{bmatrix}0\\0\\ \frac{l}{EA}(P_{3x}+P_{3y})\\ \frac{l}{EA}(P_{3x}+(1+2\sqrt{2})P_{3y})\end{bmatrix}=\begin{bmatrix}P\\-P\\-P\\P\end{bmatrix}$$

内力
$$N_{1-3}=\sqrt{U_{13}^2+V_{13}^2}=\sqrt{2}P$$

由杆 1－3 结点力的方向可判断杆子受压。

(8) 校核计算结果

$$\sum X = P_{1x} + P_{2x} + P_{3x} = P + (-P) + 0 = 0$$

$$\sum Y = P_{1y} + P_{2y} + P_{3y} = -P + 0 + P = 0$$

结点 3 处 $U_{32} + U_{31} = P + (-P) = 0$， $V_{32} + V_{31} = 0 + P = P$

由此可知以上结果正确。

例 5-2 用位移法求图 5-9(a) 所示结构点 2 的垂直位移。

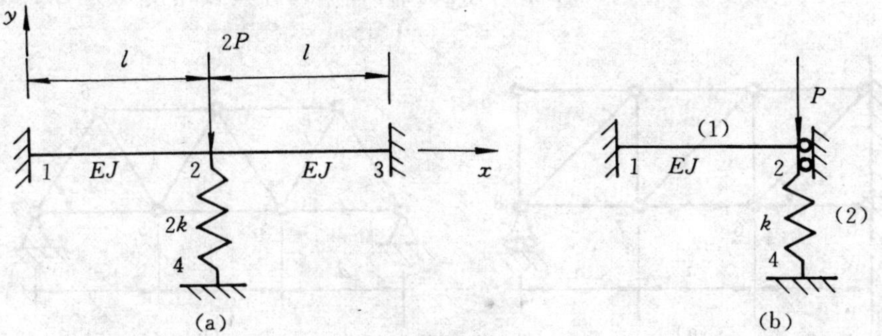

图 5-9 结构

解 结构对称，取计算模型，总体坐标系，结点编号，元素编号如图 5-9(b) 所示，视弹簧为杆元，结构为杆与梁的组合结构。

对于梁元(1)，取局部坐标与总体坐标一致，不必转轴。

边界条件 $u_1 = v_1 = \theta_1 = u_2 = \theta_2 = 0$

由边界条件删行删列后 $\boldsymbol{K}^{(1)} = \dfrac{12EJ}{l^3}$

对于杆元(2)，4-2 $\lambda = \cos 90° = 0$，$\mu = \sin 90° = 1$

边界条件 $u_2 = u_4 = v_4 = 0$

由边界条件删行删列后 $\boldsymbol{K}^{(2)} = k$

则刚度方程为

$$\left(\frac{12EJ}{l^3} + k\right) v_2 = -P$$

解得

$$v_2 = -\frac{P}{\dfrac{12EJ}{l^3} + k} (\downarrow)$$

我们看到，在分析超静定结构时，位移法与力法的主要区别是它们所选取的基本未知量不同。力法是以结构中的多余未知力为基本未知量，求出多余未知力后，再据此算得其他未知内力 和位移。而位移法是取结点位移为基本未知量，根据求得的结点位移再算得结构的未知内力。

用力法进行结构分析思路简捷、直观，传力路线清晰，适用于分析简单超静定问题，而对于超静定次数较大的复杂结构，力法分析则显得无从下手。位移法的未知量个数与超静定次数无关，且位移法诸如单元刚度矩阵的建立、结构刚度矩阵的形成、结点载荷的计算、方程组的求解以及杆端内力计算等都是很有规则的，便于在计算机上实现自动化计算，使得其对超静定大型结构的力学分析，比力法计算更为可行。

习 题

5-1　求装配图 5-10 所示桁架结构刚度矩阵 $\boldsymbol{K}$，各杆截面刚度均为 EA。

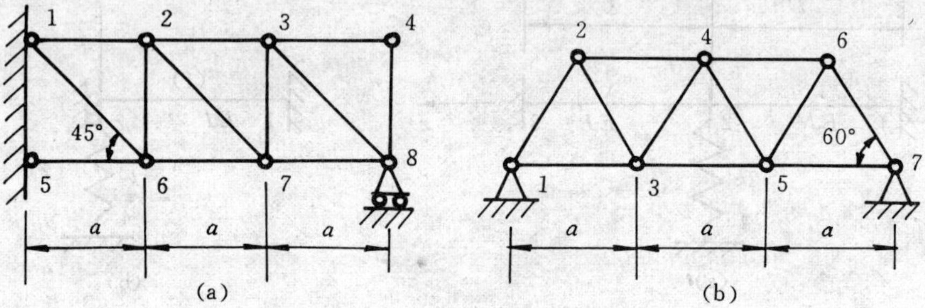

图　5-10

5-2　平面桁架的形状及尺寸如图 5-11 所示，各杆的截面刚度 EA 均相同，$\alpha = 30°$，$\beta = 45°$ 用位移法求结点位移及各杆内力。

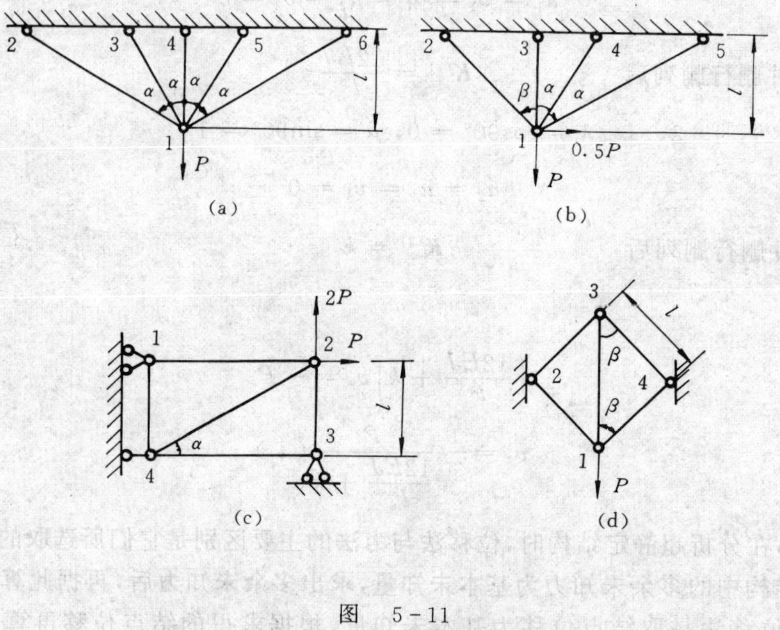

图　5-11

5-3　图 5-12 所示刚架结构，在点 5 作用有刚架平面内的集中力矩 M，用位移法求结点 5 处的转角 θ_5。

5-4　求图 5-13 中桁架结构的位移。已知杆 2-3 及杆 1-3 的长度为 l，各杆的截面刚度

为 EA，斜支座和水平弦杆倾角为 45°，左右对称。

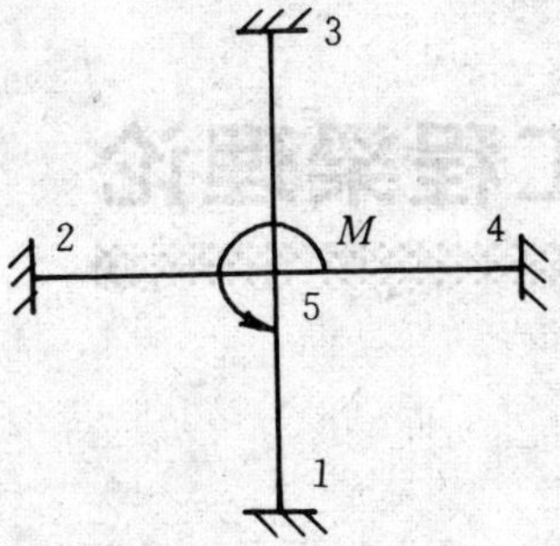

图 5-12

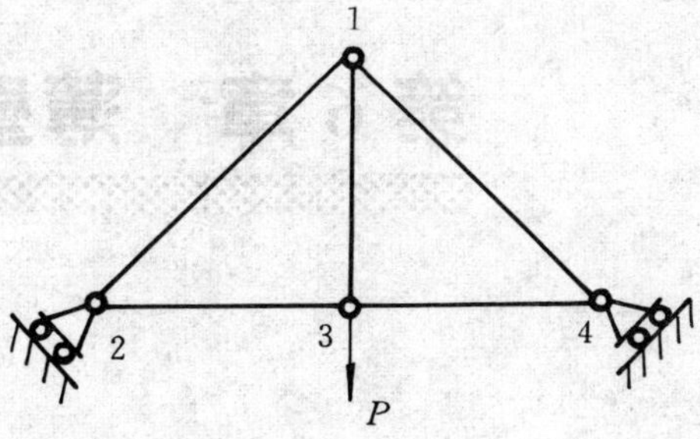

图 5-13

第 6 章　薄壁工程梁理论

6.1　概　　述

由于近代工程的需要，薄壁构造广泛地应用于各种工程结构中，如桥梁、金属结构、造船、航空等方面。薄壁构造无论从强度、刚度、重量或经济性来说都有其优越性。特别对于飞行器构造，这类综合要求更为突出。因为飞行器构造要求在足够强度、刚度的条件下，具有较轻的结构重量。

在飞行器构造中经常遇到梁式薄壁结构，如长直机翼、后掠机翼的中外翼、机身等。对于这类薄壁结构，如图 6-1 所示的梁式长直机翼，在已知外载荷作用下各剖面的总内力（弯矩、扭矩、轴力和剪力）是静定的。但若要进一步求出各个元件（桁条、蒙皮等）的内力，要用力法求解就必须借助于电子计算机，这是由于这种具有多桁条的结构是高度静不定的。倘若蒙皮较厚，能同时承受正应力和切应力，此时可以把结构看做是有无穷多桁条排列着，因而静不定次数是无穷的，用力法来解就不可能，而必须采用有限元法或能量法（那也非常麻烦）。但是，如果采用适当的工程假设可以使复杂的问题得以简化，就可以利用本章所讨论的工程梁的常规计算方法。利用这种方法进行计算，不受有无电子计算机的限制，而且在一定条件下，可以得到精确度满足工程要求的计算结果。同时，通过这些常规计算，可以对结构的传力、受力特点有个概括的了解，并得出应力与应变的分布规律，从而对进一步设计提出有价值的参考数据。所以，这些常规计算在构造设计中仍然是很有实际应用价值的。可以说，这也就是要学习本章的目的。

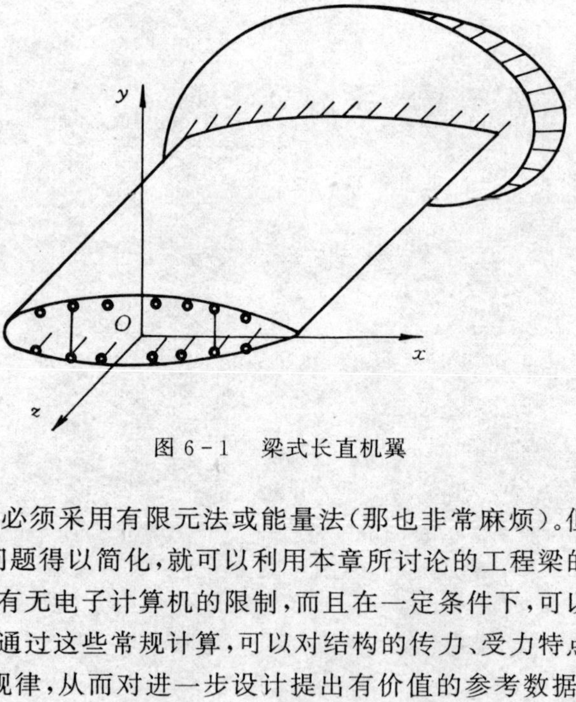

图 6-1　梁式长直机翼

飞行器结构是一个复杂的薄壁结构，它是由结构骨架（如梁、肋、桁条等）与受力的金属蒙皮等组合而成的一个受力整体。必须进行必要的工程简化，使其形成工程计算模型 —— 理想化结构。同时利用一些合理的工程假设，使计算可以进行下去，并获得较好的结果。如图 6-2(a) 所示机翼，在外载荷弯矩 M、扭矩 M_T 及剪力 Q 的作用下，结构将产生内力。为了便于工程计算，可以忽略翼尖、后缘这些次要受力部分，并对主要受力元件作一些简化，形成图

6-2(b) 所示的计算模型。图 6-2(b) 的结构在上述外力作用下，将会发生内力与变形。自由端剖面纵向没有约束，其纤维可以自由伸缩，这种沿着剖面纵向的相对位移称为"翘曲"。自由端剖面不受限制可以自由翘曲，靠近固定端的剖面其翘曲受到限制，且这种限制越靠近固定端越严重，在离开固定端较远的地方，其影响逐渐减弱。在固定端处由于翘曲受到限制，纤维沿纵向不能自由伸缩，这时将产生附加应力，这种应力称为"次应力"，结构在这种情况下的受力状态称为"限制扭转"与"限制弯曲"。不产生次应力的受力状态则称为"自由扭转"与"自由弯曲"。本章重点讨论在自由弯曲与自由扭转下薄壁梁式结构的计算。对于限制弯曲与限制扭转的受力特点仅简要阐明其物理概念，而不进行详细的讨论。

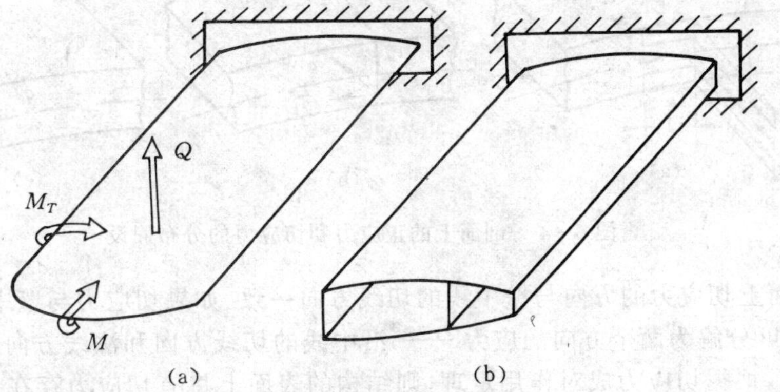

图 6-2　某机翼的计算模型

薄壁结构是由薄壁元件组合而成。从几何形状上，可以划分为棱柱形与非棱柱形两种。棱柱形薄壁结构是指薄壁形体各个横剖面的几何特征与材料沿结构纵向不变。从结构断面形状上，又可以划分为开剖面、单闭室剖面和多闭室剖面薄壁结构等，如图 6-3(a)，(b)，(c) 所示。

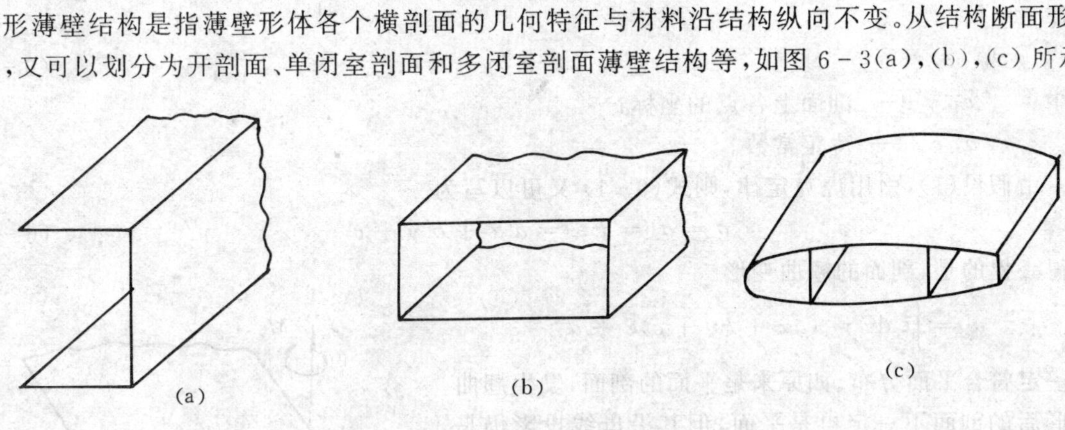

图 6-3　薄壁结构的剖面形式

在建立薄壁工程梁计算公式时，除了满足小变形和线弹性这两个基本假设外，还需要补充以下 4 个简化假设。

(1) 棱柱壳体。结构横剖面的几何形状及元件的材料性质沿纵向保持不变。横剖面沿纵向可以自由翘曲，但其在自身平面内的投影形状不变，即剖面上任一点的的位移 $u=0$，$v=0$，$w=w(z)\neq 0$。

由于结构沿纵向有较多的横向加强构件(如肋、框)，这些横向构件在自身平面内刚度很大，所以在受力过程中横剖面的几何形状仍可以认为保持原有的几何形状，即剖面上各点的平面投影几何位置的相对坐标不变。这一假设在小变形情形下是比较符合实际的。

(2) 剖面上的正应力和切应力沿壁厚均匀分布。考虑到薄壁结构中壁很薄这一特点，可以不考虑剖面上任一点处的正应力和切应力沿壁厚度方向的变化，而认为正应力和切应力沿壁厚均匀分布。对壁厚度比较小的薄壁结构而言，这一假设是比较符合实际的。设壁厚度为 t，则沿薄壁周边的切应力用 $q = \tau t$ 代替，称 q 为剪流，如图 6-4(a) 所示。

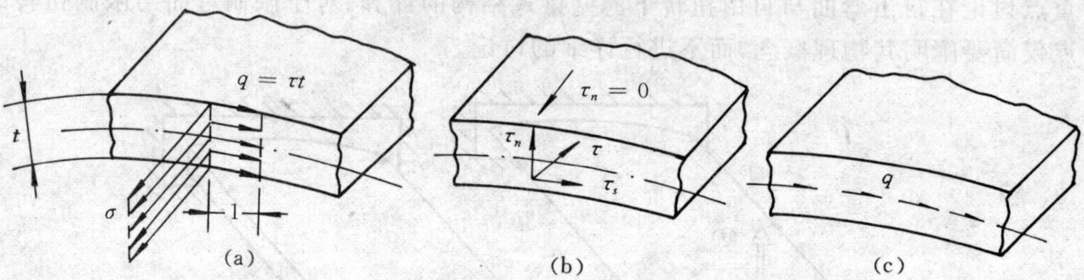

图 6-4　剖面上的正应力和切应力的分布假设

(3) 剖面上切应力的方向与壁中线的切线方向一致。如果切应力与壁中线切线方向不一致，则切应力可分解为两个方向的应力 —— 沿中线的切线方向和法线方向的应力分量，如图 6-4(b) 所示。根据切应力成对作用定理，则结构的表面上将有切应力存在，这显然与实际不相符。因此，在薄壁结构的横剖面上只可能有与中线切线方向一致的切应力存在，如图 6-4(c) 所示。亦即剖面上的剪流 q 沿壁中线的切线方向。

(4) 应变平面分布假设。薄壁结构在自由弯曲时，其任一剖面上的正应变 ε_z 符合平面分布规律，即

$$\varepsilon_z = ax + by + c \tag{6-1}$$

式中　　x, y —— 剖面上各点的坐标；

　　a, b, c —— 待定常数。

由假设(1)，引用虎克定律，则式(6-1) 又可以写为

$$\sigma = \sigma_z = E\varepsilon_z = a'x + b'y + c' \tag{6-2}$$

值得一提的是，剖面的翘曲变形

$$w = \int \varepsilon_z \mathrm{d}z = (ax + by + c)z + d$$

不一定符合平面分布。如原来是平面的剖面，发生翘曲变形后的剖面不一定再是平面，但其沿母线投影仍是平面的。

本章各节的应力计算公式中，均采用下述的符号规定：x 轴和 y 轴在剖面内，z 轴沿母线方向，$Oxyz$ 服从右手规则；剖面上的内力 M_x, M_y, M_z, Q_x, Q_y 和 N_z 等，均以其矢量方向与坐标轴正向相同为正。剖面正应力以受拉为正，剪流和切应力的方向，则按与内力的相应关系而定，具体见 6.3 节。

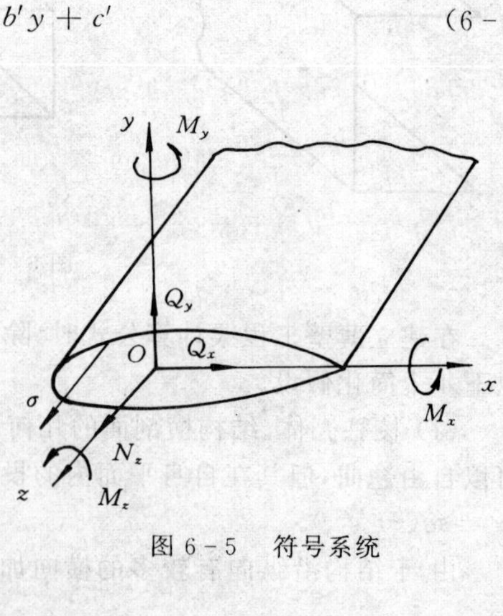

图 6-5　符号系统

6.2 自由弯曲时正应力的计算

1. 公式推导

图 6-6 表示一薄壁结构自由弯曲的情形，其剖面上有内力 M_x, M_y, M_z, Q_x, Q_y 和 N_z 的作用。设剖面上任一点（x, y）处的正应力为 σ，壁厚度为 t，沿周边 ds 微段上的轴向力为 $\sigma t\mathrm{d}s$。可以列出三个静力平衡方程为

$$\left.\begin{aligned}\int_A \sigma t y \mathrm{d}s &= M_x \\ \int_A \sigma t x \mathrm{d}s &= -M_y \\ \int_A \sigma t \mathrm{d}s &= N_z\end{aligned}\right\} \qquad (6-3)$$

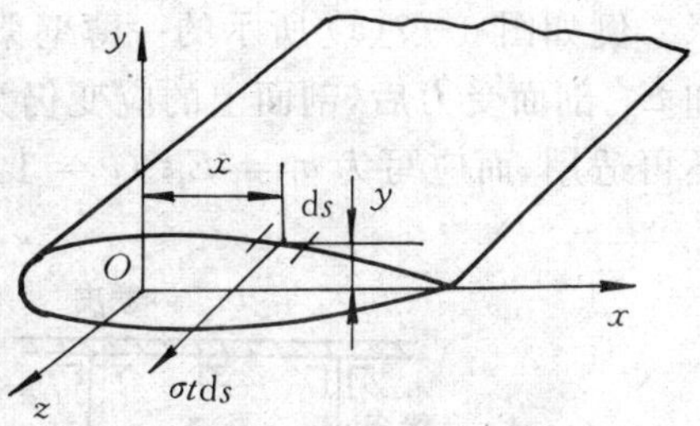

图 6-6　自由弯曲的正应力计算

式中，$\int_A$ 表示整个剖面上所有能够承受正应力的面积的积分。

假定组成该薄壁结构的各元件的材料相同，则剖面上各点的正应力可以用一个式子即式(6-2)来表达。将式(6-2)分别代入式(6-3)的各式中，得到

$$\left.\begin{aligned}a'\int_A xyt\mathrm{d}s + b'\int_A y^2t\mathrm{d}s + c'\int_A yt\mathrm{d}s &= M_x \\ a'\int_A x^2t\mathrm{d}s + b'\int_A xyt\mathrm{d}s + c'\int_A xt\mathrm{d}s &= -M_y \\ a'\int_A xt\mathrm{d}s + b'\int_A yt\mathrm{d}s + c'\int_A t\mathrm{d}s &= N_z\end{aligned}\right\} \qquad (6-4)$$

假定坐标轴 Oxy 取为剖面任意形心坐标轴，则有

$$S_x = \int_A yt\mathrm{d}s = 0, \qquad S_y = \int_A xt\mathrm{d}s = 0$$

且记

$$J_x = \int_A y^2 t\mathrm{d}s, \quad J_y = \int_A x^2 t\mathrm{d}s, \quad J_{xy} = \int_A xyt\mathrm{d}s, \quad A_0 = \int_A t\mathrm{d}s$$

注意，由于 $\int_A$ 表示整个剖面上能够承受正应力的面积的积分，所以这里所说的剖面形心是指剖面上所有能够承受正应力的面积的形心。J_x, J_y 和 J_{xy} 分别表示剖面上所有能够承受正应力的面积对形心坐标轴 x, y 惯性矩和形心坐标轴 xy 的惯性积，A_0 则表示剖面上所有能够承受正应力的面积的总和。

由式(6-4)可以求出待定常数，并分别代入式(6-2)中，得到正应力的计算公式为

$$\sigma = -\frac{\overline{M}_y}{J_y}x + \frac{\overline{M}_x}{J_x}y + \frac{N_z}{A_0} \qquad (6-5)$$

$$\overline{M}_y = \frac{1}{k}\left(M_y + M_x\frac{J_{xy}}{J_x}\right), \quad \overline{M}_x = \frac{1}{k}\left(M_x + M_y\frac{J_{xy}}{J_y}\right), \quad k = 1 - \frac{J_{xy}^2}{J_xJ_y}$$

式中，$\overline{M}_x$, $\overline{M}_y$ 分别称为对 x, y 轴的当量弯矩。

若坐标轴 Oxy 取为剖面的形心主惯轴，则 $J_{xy} = 0$，这时正应力的计算公式为

$$\sigma = -\frac{M_y}{J_y}x + \frac{M_x}{J_x}y + \frac{N_z}{A_0} \tag{6-6}$$

式(6-5)和式(6-6)也就是材料力学中梁受复合载荷时的剖面正应力计算公式。

2. 减缩因数法

如果所分析的薄壁结构是由不同的元件组成，且各元件的材料彼此又不相同，这时，式(6-5)或式(6-6)不能直接使用，而必须加以修正。为此引用减缩因数的概念，即将各种不同材料的元件化为一种符合线性规律的理想材料，减缩后的结构元件便具有相同的弹性模量，于是，式(6-5)或式(6-6)对不同材料组成的薄壁结构便可以适用了。

例如图 6-7(a)所示的一薄壁梁的横剖面，设缘条、桁条和蒙皮的弹性模量分别为 E_1，E_2 和 E_3。剖面受力后，剖面上的应变仍为式(6-1)的表示形式，但由于各元件材料不同，式(6-2)不再适用，而应写为 $\sigma_i = E_i\varepsilon_z (i = 1, 2, 3)$。

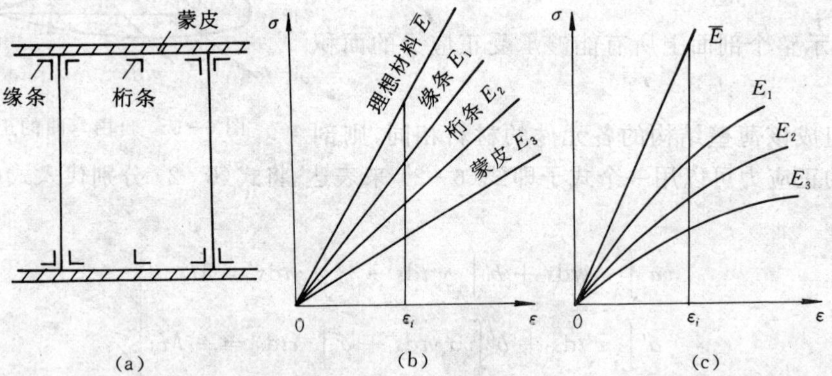

图 6-7 减缩因数示意图

现选定一理想剖面，其 $E = \bar{E} =$ 常数，一般地，取 $\bar{E} = \max(E_1, E_2, E_3)$，则在相同应变 ε_z 下，理想剖面上各元件的正应力为 $\bar{\sigma}_i = \bar{E}\varepsilon_z$。引入减缩因数 φ_i

$$\varphi_i = \frac{\sigma_i}{\bar{\sigma}_i} \tag{6-7}$$

或

$$\sigma_i = \varphi_i\bar{\sigma}_i \tag{6-8}$$

为了保证减缩前后元件受的轴向力不变，则必须

$$\bar{\sigma}_i\bar{A}_i = \sigma_i A_i = \varphi_i\bar{\sigma}_i A_i$$

即得到减缩面积 $\bar{A}_i = \varphi_i A_i$，这时所对应的正应力便是 $\bar{\sigma}_i$。正应力 $\bar{\sigma}_i$ 仍可按式(6-5)或式(6-6)算得，如按式(6-6)

$$\bar{\sigma}_i = -\frac{M_{\bar{y}}}{\bar{J}_y}\bar{x} + \frac{M_{\bar{x}}}{\bar{J}_x}\bar{y} + \frac{N_z}{\bar{A}_0} \tag{6-9}$$

式中，$\bar{J}_x$，$\bar{J}_y$ 及 $\bar{A}_0$ 分别表示减缩后剖面的形心主惯性矩及剖面面积。将式(6-9)代入式(6-8)，得到各元件的真实正应力为

$$\sigma_i = \varphi_i\bar{\sigma}_i = \varphi_i\left(-\frac{M_{\bar{y}}}{\bar{J}_y}\bar{x} + \frac{M_{\bar{x}}}{\bar{J}_x}\bar{y} + \frac{N_z}{\bar{A}_0}\right] \tag{6-10}$$

如果诸元件均在线弹性范围内受力，如图 6-7(b)所示，显然减缩因数

$$\varphi_i = \frac{\sigma_i}{\bar{\sigma}_i} = \frac{E_i \varepsilon_i}{\bar{E}_i \varepsilon_i} = \frac{E_i}{\bar{E}} \qquad (6-11)$$

相应的减缩因数法的求解过程可以用流程图(见图 6-8)表示。

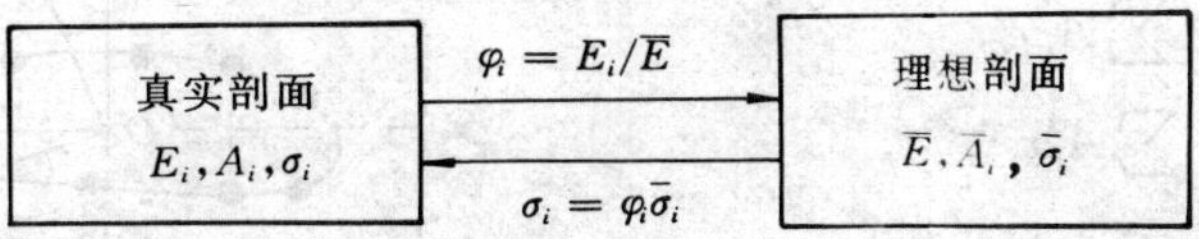

图 6-8 流程图

如果诸元件受力范围在线弹性范围之外,如图 6-7(c) 所示,减缩因数的计算是十分复杂的。在工程计算中往往采用逐次逼近的办法去处理。首先选用一组减缩因数(相当于相同的应变),设第一次所选的减缩因数定名为 $\varphi_i^{(1)}$,按式(6-11)算出正应力为 $\sigma_i^{(1)}$,再由已算出的 $\sigma_i^{(1)}$,算出第二次的减缩因数 $\varphi_i^{(2)}$,由 $\varphi_i^{(2)}$ 代入正应力公式,算出第二次的正应力 $\sigma_i^{(2)}$,这样依次算下去,直到算出的正应力收敛于真实值为止。这一过程可以表示为

$$\varphi_i^{(1)} \to \sigma_i^{(1)} \to \varphi_i^{(2)} \to \sigma_i^{(2)} \to \cdots \to \sigma_i^{(n)}$$

3. *具有集中面积的薄壁结构的正应力计算*

实际中的薄壁结构一般是由梁、长桁及受力蒙皮所组成的,各个元件实际上既承受正应力也同时承受切应力。为了简化计算,可以将蒙皮承受正应力的能力折算到梁、长桁等的集中面积中去,组成新的仅承受正应力的集中面积。也可以将附近几根桁、梁与蒙皮合并组成一根仅承受正应力的集中面积的元件,而认为蒙皮不再承受正应力,只承受切应力。这时,可以比较方便地对模型进行应力与变形分析。如图 6-9(a) 为结构的实际剖面,图 6-9(b) 为简化后的剖面。在图 6-9(b) 的模型中,集中面积(如几根长桁)只承受正应力,而与此桁条相连的蒙皮只承受切应力,桁条与蒙皮之间力的传递关系如图 6-9(c) 所示。

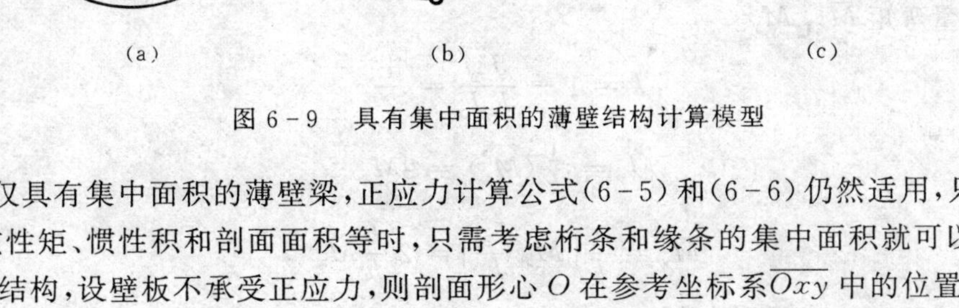

图 6-9 具有集中面积的薄壁结构计算模型

对于仅具有集中面积的薄壁梁,正应力计算公式(6-5)和(6-6)仍然适用,只是在计算剖面形心、惯性矩、惯性积和剖面面积等时,只需考虑桁条和缘条的集中面积就可以了。如图 6-10 所示的结构,设壁板不承受正应力,则剖面形心 O 在参考坐标系 $\overline{Oxy}$ 中的位置由下式确定

$$\bar{x}_0 = \frac{\sum A_i \bar{x}_i}{\sum A_i}, \quad \bar{y}_0 = \frac{\sum A_i \bar{y}_i}{\sum A_i}$$

相应于形心坐标轴 Oxy 的剖面惯性矩、惯性积和剖面总面积由下列各式确定

$$J_x = \sum A_i y_i^2$$

$$J_y = \sum A_i x_i^2$$

$$J_{xy} = \sum A_i x_i y_i$$

$$A_0 = \sum A_i$$

从而，进一步可以求出形心主惯性坐标轴 $Ox'y'$

$$\tan 2\alpha = \frac{-2J_{xy}}{J_x - J_y}$$

式中，角度 α 见图 6-10。

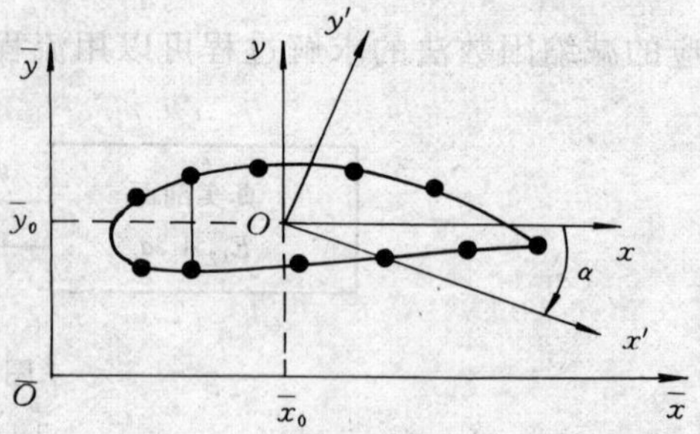

图 6-10　具有集中面积的薄壁梁

例 6-1　求图 6-11 剖面在自由弯曲下的正应力，设壁不承受正应力。

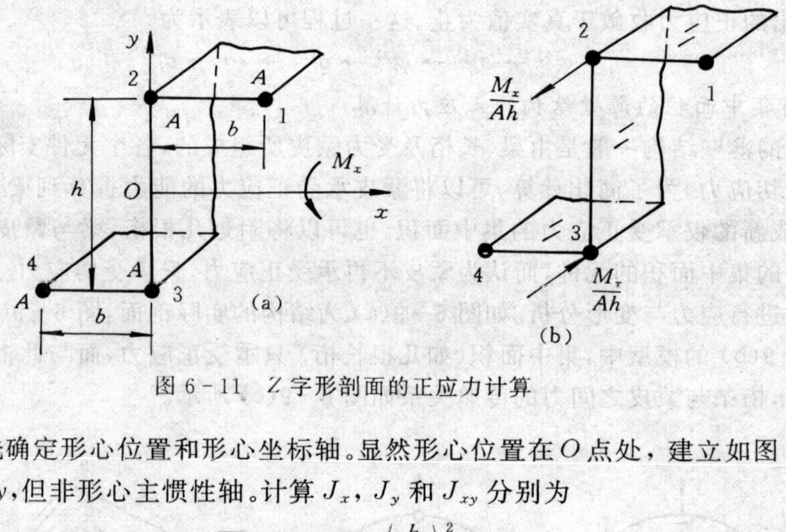

图 6-11　Z 字形剖面的正应力计算

解　(1) 首先确定形心位置和形心坐标轴。显然形心位置在 O 点处，建立如图 6-11 所示的形心坐标轴 Oxy，但非形心主惯性轴。计算 J_x，J_y 和 J_{xy} 分别为

$$J_x = \sum A_i y_i^2 = 4A\left(\frac{h}{2}\right)^2 = Ah^2$$

$$J_y = \sum A_i x_i^2 = 2Ab^2$$

$$J_{xy} = \sum A_i x_i y_i = Ab\frac{h}{2} + A(-b)(-h/2) = Abh$$

(2) 求当量弯矩 $\overline{M}_x$，$\overline{M}_y$

$$k = 1 - \frac{J_{xy}^2}{J_x J_y} = \frac{1}{2}$$

$$\overline{M}_x = \frac{1}{k}(M_x) = 2M_x$$

$$\overline{M}_y = \frac{1}{k}\left(M_x \frac{J_{xy}}{J_x}\right) = 2\frac{b}{h}M_x$$

(3) 利用式(6-5)求得正应力

$$\sigma(x, y) = \frac{2M_x}{Ah}\left(\frac{y}{h} - \frac{x}{2b}\right)$$

及各集中面积上的正应力分别为

$$\sigma_1\left(b,\ \frac{h}{2}\right)=0,\qquad \sigma_2\left(0,\ \frac{h}{2}\right)=\frac{M_x}{Ah}$$

$$\sigma_3\left(0,\ -\frac{h}{2}\right)=-\frac{M_x}{Ah},\quad \sigma_4\left(-b,\ -\frac{h}{2}\right)=0$$

剖面正应力的分布如图 6-11(b) 所示。

6.3 自由弯曲时开剖面切应力的计算

1. 公式推导

考虑图 6-12(a) 所示的一个剖面周线为任意的不闭合形状，且沿纵向不变的开剖面薄壁梁。在横向载荷作用下，纵向任意剖面上的内力为 Q_y，M_x 和 Q_x，M_y 等。假设整个剖面都能承受正应力。为了决定剖面上某一点的切应力 τ，可先算出该点的剪流 q。现取出微元体 $abcd$，如图 6-12(b) 所示，ab 边和 cd 边上由弯曲引起正应力分别为 σ 和 $\sigma+\frac{\partial\sigma}{\partial z}dz$，而在侧边 ad 和 bc 上的剪流分别为 q 和 $q+\frac{\partial q}{\partial s}ds$。

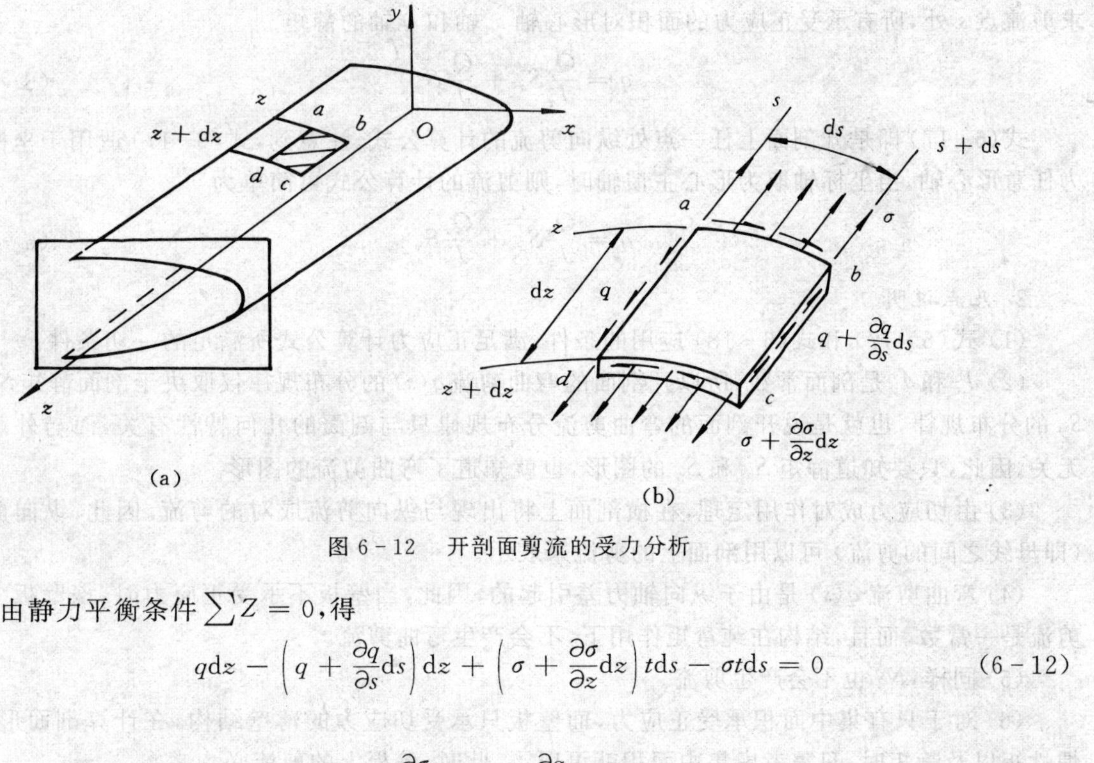

图 6-12 开剖面剪流的受力分析

由静力平衡条件 $\sum Z=0$，得

$$q\mathrm{d}z-\left(q+\frac{\partial q}{\partial s}\mathrm{d}s\right)\mathrm{d}z+\left(\sigma+\frac{\partial\sigma}{\partial z}\mathrm{d}z\right)t\mathrm{d}s-\sigma t\mathrm{d}s=0 \tag{6-12}$$

或

$$\frac{\partial\sigma}{\partial z}t\mathrm{d}z\mathrm{d}s=\frac{\partial q}{\partial s}\mathrm{d}s\mathrm{d}z \tag{6-13}$$

式(6-13)表明，微元体纵向轴力差将引起纵向剪流，这种形式的剪流又称为弯曲剪流。显然弯曲剪流平衡轴力差。由式(6-13)，进一步得出

$$dq = \frac{\partial \sigma}{\partial z} t ds$$

积分后，得

$$q = q(s) = \int_0^s \frac{\partial \sigma}{\partial z} t ds + q_0 \tag{6-14}$$

式中，积分常数 q_0 表示 $s = 0$ 边上的剪流，对于开剖面而言，$s = 0$ 的边为自由边，故 $q_0 = 0$。

将正应力计算式(6-5)代入式(6-14)中，并注意到 $\frac{\partial N_z}{\partial z} = 0$，弯矩 M_x 和 M_y 是纵坐标 z 的函数，并且有 $\frac{\partial M_x}{\partial z} = Q_y$，$\frac{\partial M_y}{\partial z} = -Q_x$。故式(6-14)为

$$q = \frac{1}{J_x}\int_0^s \frac{1}{k}\left(Q_y - Q_x \frac{J_{xy}}{J_y}\right) yt ds + \frac{1}{J_y}\int_0^s \frac{1}{k}\left(Q_x - Q_y \frac{J_{xy}}{J_x}\right) xt ds$$

记

$$\overline{Q}_y = \frac{1}{k}\left(Q_y - Q_x \frac{J_{xy}}{J_y}\right), \quad \overline{Q}_x = \frac{1}{k}\left(Q_x - Q_y \frac{J_{xy}}{J_x}\right), \quad k = 1 - \frac{J_{xy}^2}{J_x J_y} \tag{6-15}$$

$$S_x = \int_0^s yt ds, \qquad S_y = \int_0^s xt ds \tag{6-16}$$

式中，$\overline{Q}_x$ 和 $\overline{Q}_y$ 分别称为对 x 轴和 y 轴的当量剪力；S_x 和 S_y 分别表示从自由边算起，一直到所求剪流点 s 处，所有承受正应力的面积对形心轴 x 轴和 y 轴的静矩。

$$q = \frac{\overline{Q}_y}{J_x} S_x + \frac{\overline{Q}_x}{J_y} S_y \tag{6-17}$$

式(6-17)即是开剖面上任一点处纵向剪流的计算公式。注意到，式(6-17)适用于坐标轴为任意形心轴。当坐标轴取为形心主惯轴时，则剪流的计算公式可简单为

$$q = \frac{Q_y}{J_x} S_x + \frac{Q_x}{J_y} S_y \tag{6-18}$$

2. 几点说明

(1) 式(6-17)和式(6-18)应用的条件，满足正应力计算公式所满足的一切条件。

(2) J_x 和 J_y 是剖面常数，所以开剖面的弯曲剪流 $q(s)$ 的分布规律仅取决于剖面静矩 S_x 和 S_y 的分布规律，也就是说开剖面的弯曲剪流分布规律只与剖面的几何特性有关，而与外载荷无关。因此，只要知道静矩 S_x 和 S_y 的图形，也就知道了弯曲剪流的图形。

(3) 由切应力成对作用定理，在横剖面上将出现与纵向剪流成对的剪流。因此，纵向剪流(即母线之间的剪流)可以用剖面上的剪流来表示。

(4) 弯曲剪流 $q(s)$ 是由于纵向轴力差引起的，因此，当壁板不承受正应力时，该壁板上的剪流是一常数。而且，结构在纯弯矩作用下，不会产生弯曲剪流。

(5) 同样，N_z 也不会产生剪流。

(6) 对于只有集中面积承受正应力，而壁板只承受切应力的薄壁结构，在计算剖面形心、惯性矩以及静矩时，只需考虑集中面积就可以了。此时，壁板上的剪流必为常数。

关于剪流的方向，有两种不同的表示方法，一种是合力的观点，即剪流的合力就是作用在剖面上的剪力；一种是平衡的观点，即剪流的合力与剪力相平衡。本书中采用平衡的观点确定剪流的方向，剪流与剪力相平衡。由式(6-18)可以看出，当剪力 Q_x 和 Q_y 与坐标轴正向一致时，剪流的正负与静矩的正负是一致的；当计算得到的剪流为正时，它的流向与计算静矩时 s 的走

向一致；若剪流为负值时，其流向与 s 的走向相反。

例 6-2 求图 6-13 槽形剖面在剪力 Q_y 作用下的剪流。剖面周边的厚度均为 t。

解 (1) 由剖面的对称性可知，通过腹板高度 h 中点的 x 轴是主惯性轴，且在 Q_y 作用下，剖面剪流可由式(6-18)中的第一项来计算，即 $q=\dfrac{Q_y}{J_x}S_x$。

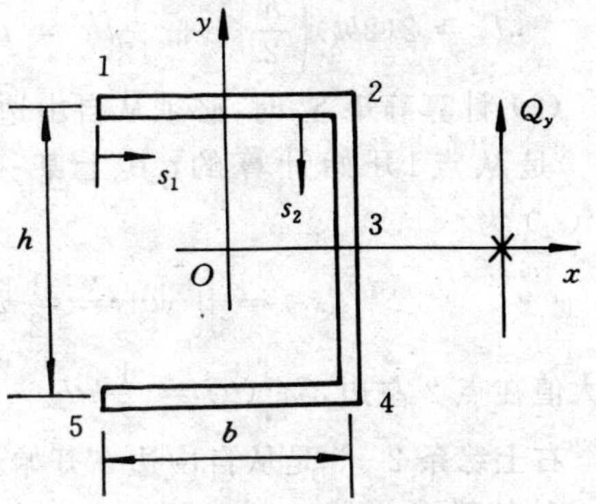

图 6-13 槽形剖面薄壁梁

(2) 计算剖面的惯性矩 J_x 为

$$J_x=2(bt)\left(\frac{h}{2}\right)^2+\frac{1}{12}th^3=\frac{th^2}{2}\left(b+\frac{h}{6}\right)$$

(3) 求剖面静矩 S_x 的分布图。上缘条 1-2 上某一点 s_1 处的静矩 $S_x^{1-2}(s_1)$ 为

$$S_x^{1-2}(s_1)=\int_0^{s_1}yt\mathrm{d}s=\frac{1}{2}hts_1$$

为直线变化，最大值在点 2，其值为 $S_x^{1-2}(b)=\dfrac{1}{2}htb$。

腹板 2-3-4 上任一点 s_2 处的静矩 $S_x^{2-4}(s_2)$ 为

$$S_x^{2-4}(s_2)=\frac{1}{2}htb+ts_2\left(\frac{h}{2}-\frac{s_2}{2}\right)$$

且按抛物线变化，其最大值在腹板的中点 3 处，其值为 $S_x^{2-4}\left(\dfrac{h}{2}\right)=\dfrac{1}{2}htb+\dfrac{th^2}{8}$。

剖面下半部分的静矩可以由对称性得到。整个剖面的静矩如图 6-14(a) 所示。

(4) 求剖面剪流。剖面剪流的大小为

$$q=\frac{Q_y}{J_x}S_x=\frac{Q_y}{\dfrac{th^2}{2}\left(b+\dfrac{h}{6}\right)}S_x$$

剪流的分布与静矩的分布相同，只是数值上不同。剪流分布图如图 6-14(b) 所示。

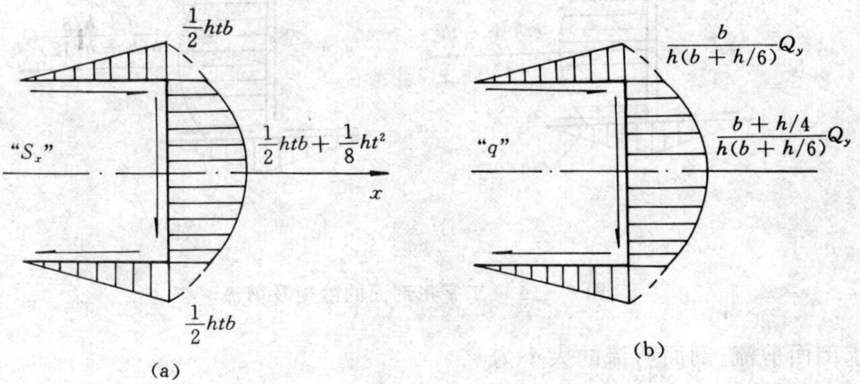

图 6-14 槽形剖面的静矩及剪流

(5) 校核。剖面上的剪流应与剪力 Q_y 平衡，即满足 $\sum X=0$ 和 $\sum Y=0$。显然，图 6-14(b) 所示的剪流，满足静力平衡条件。

例 6-3 求图 6-15 工字形剖面薄壁梁在剪力 Q_y 作用下的剪流。剖面的几何参数如图 6-15(b) 所示。

解 (1) 因为剖面有两个对称轴，所以图示坐标轴 Oxy 就是主惯性轴。剖面的惯性矩 J_x 为

$$J_x = 2(2bt)\left(\frac{h}{2}\right)^2 + \frac{1}{12}th^3 = tbh^2 + \frac{th^3}{12}$$

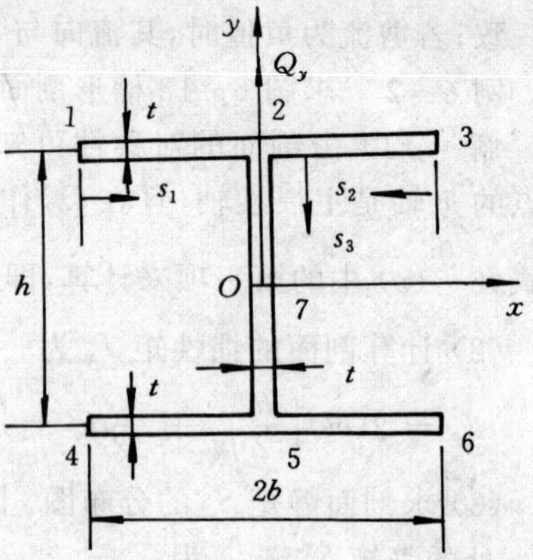

图 6-15 工字形剖面薄壁梁

(2) 计算静矩 S_x 时，必须从自由边开始。左上缘条 1-2 是从点1开始计算的，其上某一点 s_1 处的静矩 $S_x^{1\text{-}2}(s_1)$ 为

$$S_x^{1\text{-}2}(s_1) = \int_0^{s_1} yt\mathrm{d}s = \frac{1}{2}hts_1$$

最大值在点 2 左边，$S_x^{1\text{-}2}(b) = \frac{1}{2}htb$。

右上缘条 2-3 是从自由边 3 开始计算的，其上某一点 s_2 处的静矩 $S_x^{2\text{-}3}(s_2)$ 为

$$S_x^{2\text{-}3}(s_2) = \int_0^{s_2} yt\mathrm{d}s = \frac{1}{2}hts_2$$

最大值在点 2 右边，$S_x^{2\text{-}3}(b) = \frac{1}{2}htb$。

腹板 2-7-5 上任一点 s_3 处的静矩 $S_x^{2\text{-}5}(s_3)$ 为

$$S_x^{2\text{-}5}(s_3) = S_x^{1\text{-}2}(b) + S_x^{2\text{-}3}(b) + ts_3\left(\frac{h}{2} - \frac{s_3}{2}\right) = htb + ts_3\left(\frac{h}{2} - \frac{s_3}{2}\right)$$

最大值在腹板的中点 7 处，$S_x^{2\text{-}5}\left(\frac{h}{2}\right) = htb + \frac{th^2}{8}$。

因此得到剖面的静矩分布如图 6-16(a) 所示。

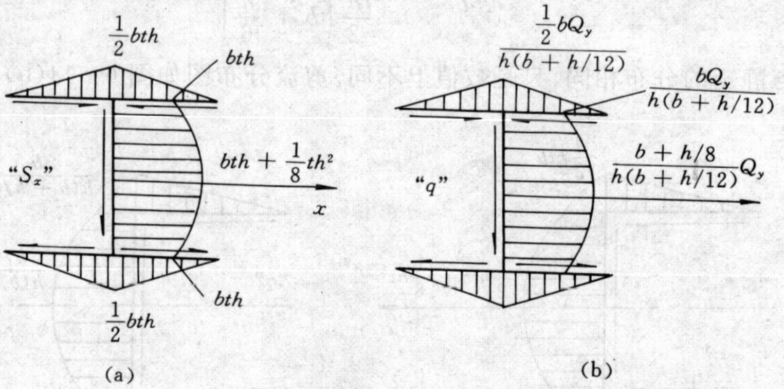

图 6-16 工字形剖面的静矩及剪流

(3) 求剖面剪流。剖面剪流的大小为

$$q = \frac{Q_y}{J_x}S_x = \frac{Q_y}{th^2(b+h/12)}S_x$$

剪流的分布与静矩的分布相同，只是数值上不同。剪流分布图如图 6-16(b) 所示。

因为静矩具有继承性，所以剪流具有连续性，即任一点处流向该点的剪流与流出该点的剪流之总和必为零。这个结论很形象，对于我们在检验剪流的计算结果时会有所帮助，特别是在剖面的分支处。(但在有集中面积的地方，剪流的连续性不存在。)

例 6-4 计算图 6-17 圆形开剖面结构在 Q_y 作用下的剪流。设壁厚度为 t。

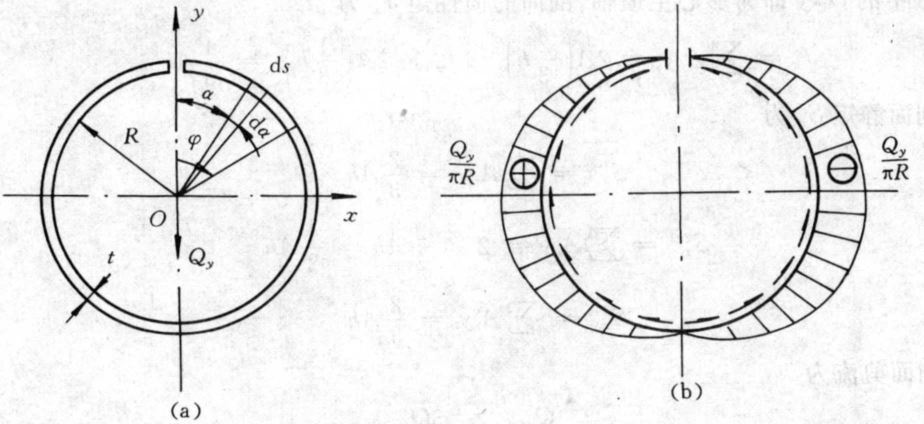

图 6-17 圆形开剖面

解 (1) 因为剖面有两个对称轴，所以坐标轴 Oxy 就是主惯性轴。剖面的惯性矩 J_x 近似取为

$$J_x = \pi R^3 t$$

(2) 从自由边 $\varphi = 0$ 起计算剖面静矩 S_x，周边上任一点（角度为 φ）的静矩为

$$S_x(\varphi) = \int_0^s y t \mathrm{d}s = \int_0^\varphi (R\cos\alpha) t R \mathrm{d}\alpha = R^2 t \sin\varphi$$

(3) 剖面剪流为

$$q = \frac{Q_y}{J_x} S_x = -\frac{Q_y}{\pi R}\sin\varphi$$

式中，负号表示剪流方向与 s 的走向相反。剖面剪流如图 6-17(b) 所示。

例 6-5 计算图 6-18 开剖面薄壁结构在剪力 Q_y 作用下的剪流。剖面几何尺寸及集中面积如图 6-18(a) 所示，设壁不承受正应力。

解 (1) 因为壁不受正应力，计算剖面的几何特性时，只需考虑元件的集中面积。图 6-18(a) 中的 y 轴为对称轴，故 y 轴为形心主惯轴，形心 O 必在 y 轴上，且有

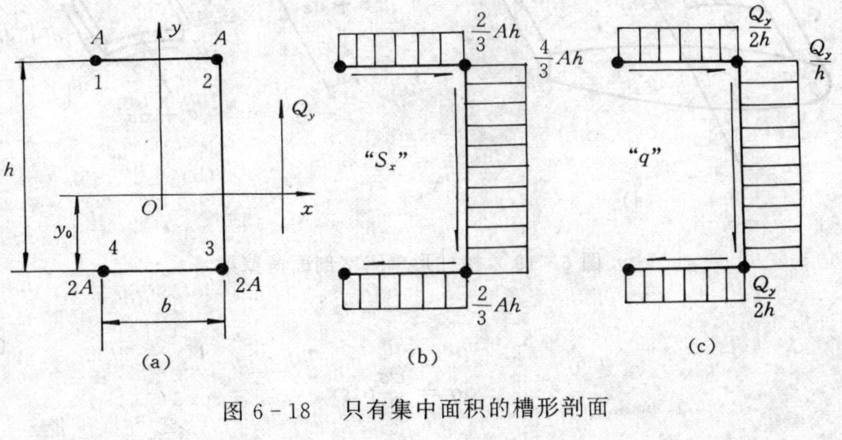

图 6-18 只有集中面积的槽形剖面

$$y_0 = \frac{Ah + Ah}{6A} = \frac{1}{3}h$$

则图 6-18 中的 Oxy 即为形心主惯轴。剖面的惯性矩 J_x 为

$$J_x = \sum A_i y_i^2 = 2A\left(\frac{2}{3}h\right)^2 + 2 \times 2A\left(\frac{1}{3}h\right)^2 = \frac{4}{3}Ah^2$$

(2) 剖面静矩 S_x 为

$$S_x^{1-2} = \sum A_i y_i = \frac{2}{3}Ah$$

$$S_x^{2-3} = \sum A_i y_i = 2 \times \frac{2}{3}Ah = \frac{4}{3}Ah$$

$$S_x^{3-4} = \sum A_i y_i = \frac{2}{3}Ah$$

(3) 剖面剪流为

$$q = \frac{Q_y}{J_x}S_x = \frac{3Q_y}{4Ah^2}S_x$$

将各段上的 S_x 代入,即得到剖面剪流图如图 6-18(c) 所示。

6.4　自由弯曲时单闭室剖面切应力的计算

1. 公式推导

讨论图 6-19 所示的棱柱形单闭室剖面薄壁梁。在任意横向载荷作用下,纵向任意剖面上的内力为 Q_x, Q_y, M_x, M_y, M_z 以及 N_z。假设整个剖面都能承受正应力。与开剖面剪流求法相类似,这里取 a 点作为 $s=0$ 的边(称 a 点为计算始点),从结构中任取出一微元体为分离体,如图 6-18(b) 所示。由该微元体的静力平衡条件 $\sum Z = 0$,得

$$\frac{\partial \sigma}{\partial z}t\mathrm{d}z\mathrm{d}s = \frac{\partial q}{\partial s}\mathrm{d}s\mathrm{d}z \tag{6-19}$$

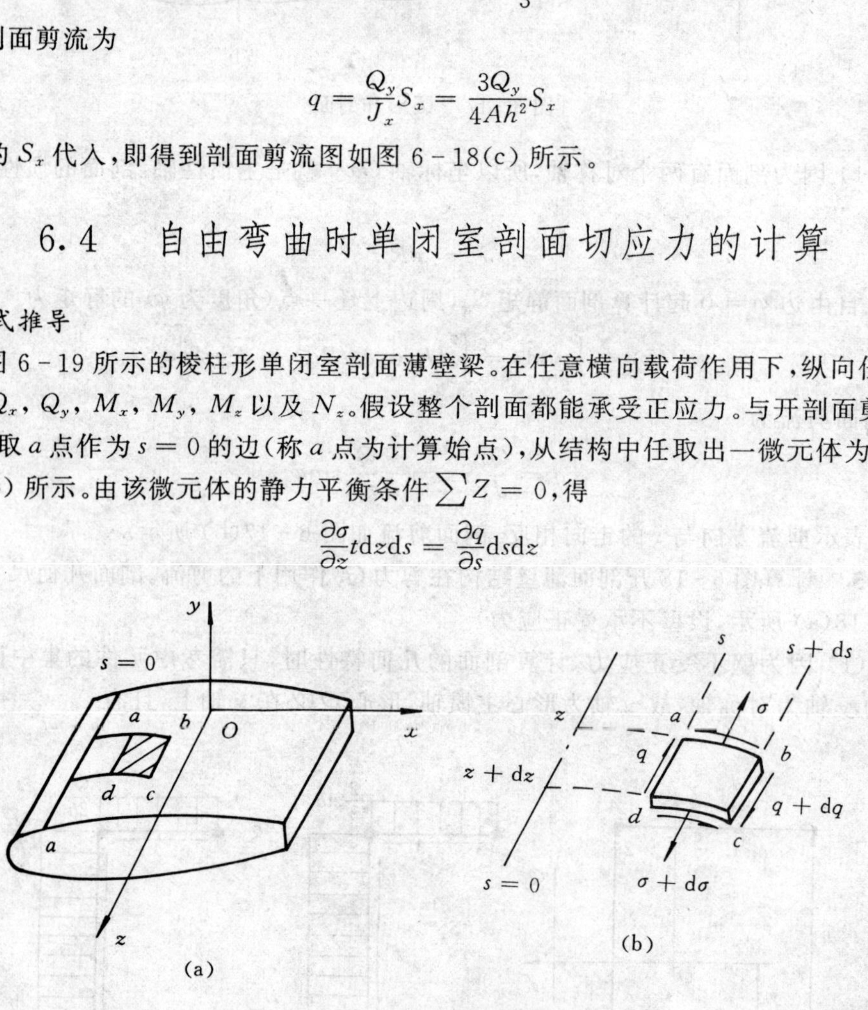

图 6-19　棱柱形单闭室剖面薄壁梁

或

$$\mathrm{d}q = \frac{\partial \sigma}{\partial z}t\mathrm{d}s$$

积分后，得 s 处的剪流 q 为

$$q = q(s) = \int_0^s \frac{\partial \sigma}{\partial z} t \mathrm{d}s + q_0$$

将正应力计算式(6-5)代入，得

$$q = \frac{\overline{Q}_y}{J_x} S_x + \frac{\overline{Q}_x}{J_y} S_y + q_0 = \bar{q} + q_0 \tag{6-20}$$

在式(6-20)中，S_x 和 S_y 分别表示从 $s=0$ 边算起，一直到所求剪流点 s 处，所有承受正应力的面积对形心轴 x 轴和 y 轴的静矩。$\bar{q}$ 为由轴力差引起的弯曲剪流，它相当于在 a 处切开时的开剖面结构的剪流。积分常数 q_0 为计算始点 a 处的剪流值，对于单闭室剖面的闭合周边，因为没有自由边，故一般地 $q_0 \neq 0$。

现假想由 a 处沿纵向将剖面切开，在切口处沿纵向应有剪流存在，该剪流值为 q_0。由剪应力成对作用定律，在横剖面上也应有剪流存在，其值等于 q_0。显然，q_0 沿剖面中的闭合周边为一常数，如图 6-20 所示。由于点 a 是任选的，故 q_0 随点 a 位置是变化的。

这样，单闭室剖面剪流计算式(6-20)的物理意义为：单闭室剖面的剪流 q 就等于将单闭室剖面切开后的开剖面剪流 $\bar{q}$ 与切口处剪流 q_0 之和，如图 6-21 所示。

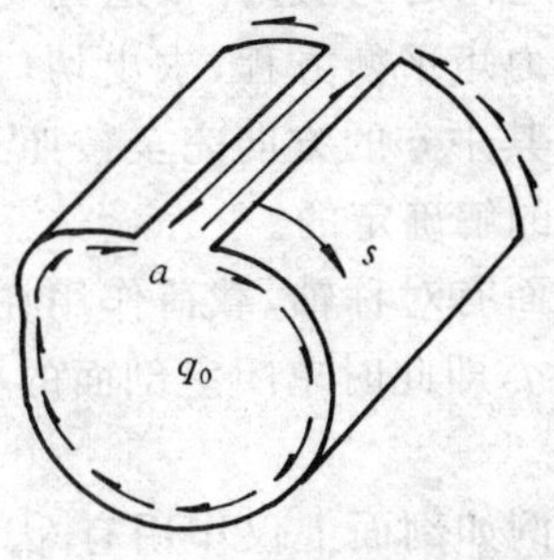

图 6-20　切口处的剪流

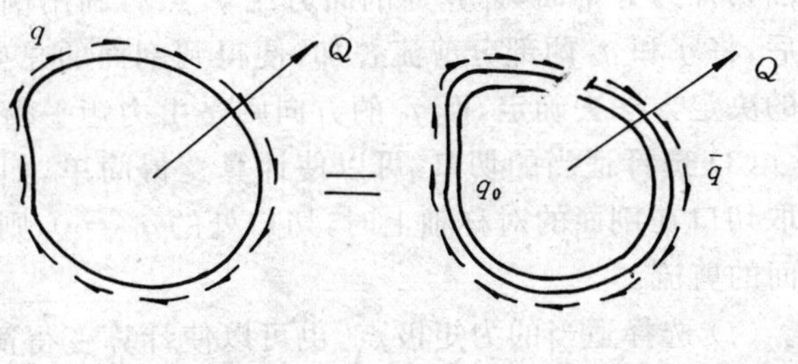

图 6-21　单闭室剖面剪流的分解

为了求出切口处的剪流值 q_0，可利用对任意一极点 O' 的力矩平衡方程，如图 6-22 所示。设 M_z 为外力（包括剪力和扭矩）对极点 O' 的矩，并规定 M_z 绕极点 O' 反时针方向为正，剖面上的剪流 q 对极点 O' 的矩以顺时针方向为正。则有

$$M_z = \int_s q \rho \mathrm{d}s \tag{1}$$

式中，ρ 表示 $\mathrm{d}s$ 段上的剪力到极点 O' 的垂直距离。将式(6-20)代入得

$$M_z = \int_s \bar{q} \rho \mathrm{d}s + \int_s q_0 \rho \mathrm{d}s \tag{2}$$

由于切口处的剪流 q_0 只可能存在于剖面中具有闭合周边的那部分剖面上，且为常值，而在剖面的非闭合周边上，q_0 是不存在的。所以，式(2)左边第二项可写成

$$\int_s q_0 \rho \mathrm{d}s = q_0 \oint \rho \mathrm{d}s \tag{3}$$

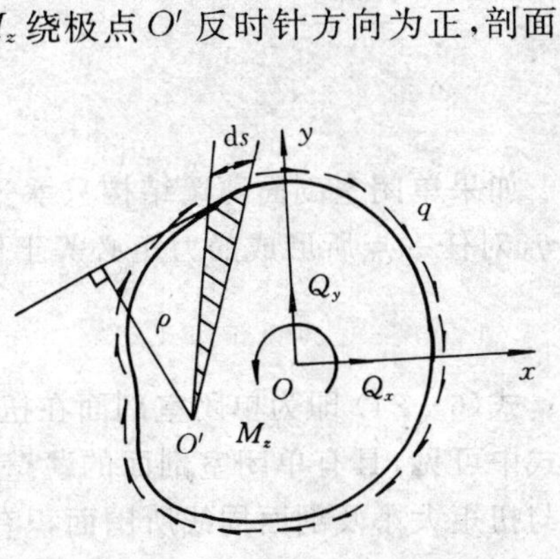

图 6-22　求剪流 q_0 的示意图

式中积分号 $\oint$ 表示积分范围只包括闭合周边的那一部分。而积分项 $\oint \rho ds$ 是有其几何意义的，如图 6-22 所示，ρds 等于图中阴影部分面积的两倍，$\oint \rho ds$ 就等于闭合周边所围面积的两倍，通常用符号 Ω 表示之，即 $\Omega = \oint \rho \mathrm{d}s$，$\Omega$ 又称为"扇形面积"。式(2) 可写成

$$M_z = \int_s \bar{q}\rho \mathrm{d}s + q_0 \Omega \tag{4}$$

于是，求得切口处的剪流值 q_0 为

$$q_0 = \frac{1}{\Omega}\left(M_z - \int_s \bar{q}\rho \mathrm{d}s\right) \tag{6-21}$$

显然，当求得的 q_0 为正值时，表示 q_0 的方向沿闭合周边为顺时针方向；若 q_0 为负值时，则表示 q_0 的方向沿闭合周边为反时针方向。

在具体计算中，并不需要按式(6-21) 来求 q_0，而直接利用力矩平衡方程来求更方便一些。

2. 几点说明

(1) 单闭室剖面能够承受任意形式的载荷，剪流仅由静力平衡条件就可以求出。因此，单闭室剖面薄壁结构是几何不变的，并且是静定的。

(2) 利用式(6-20) 计算单闭室剖面剪流的步骤是这样的：先选择一适当切口，将单闭室剖面切开为开剖面，计算开剖面剪流 $\bar{q}$。然后利用剖面的力矩平衡方程，求出切口处的剪流 q_0。最后，将 $\bar{q}$ 和 q_0 两部分剪流叠加，便得到剖面的总剪流。其中 $\bar{q}$ 的方向完全按照开剖面剪流方向的决定方法去确定，而 q_0 的方向则是由力矩平衡方程的解确定的。

(3) 选择适当的切口，可以使计算变得简单。如若剖面有对称轴，载荷作用在对称线上，此时取切口在剖面的对称轴上时，切口处的 $q_0 = 0$，则 $q = \bar{q}$，即此时单闭室剖面的剪流就等于开剖面的剪流。

(4) 选择适当的力矩极点，也可以使计算变得简单。例如剖面上仅作用有 Q_y 时，可以将力矩极点选在 Q_y 的作用线上，使载荷的力矩 $M_z = 0$，则

$$q_0 = -\frac{1}{\Omega}\int_s \bar{q}\rho \mathrm{d}s \tag{6-22}$$

而

$$q = \bar{q} - \frac{1}{\Omega}\int_s \bar{q}\rho \mathrm{d}s \tag{6-23}$$

如果单闭室剖面薄壁结构只承受扭矩 M_z，这是 $\bar{q} = 0$，$q = q_0$，而沿剖面上闭合周边的常剪流 q_0 对任一点所形成的力矩必等于作用于剖面上的扭矩 M_z，因此

$$q = q_0 = \frac{M_z}{\Omega} \tag{6-24}$$

式(6-24) 即为单闭室剖面在扭矩作用下，剪流的计算公式，又称为 Bredt(白雷特) 公式。从式中可见，具有单闭室剖面的薄壁结构在扭矩作用下，剖面上的剪流为一常数，剪流的大小只与扭矩大小及剖面周线所围面积有关，而与壁厚及剖面的几何形状无关。在剖面周边长度一定的情况下，为了提高单闭室剖面薄壁结构的承扭能力，应尽可能扩大剖面周边所围的面积。而对于周边各处厚度不相同的剖面，各处的切应力也是不同的，在厚度最小处，其切应力最大。

例 6-6 计算图 6-23 单闭室剖面薄壁结构在剪力 Q_y 作用下的剪流。剖面上各壁的厚度为 $t_{12} = t_{24} = t_{45} = t$，$t_{15} = 2t$，其他几何尺寸见图 6-23(a) 所示。

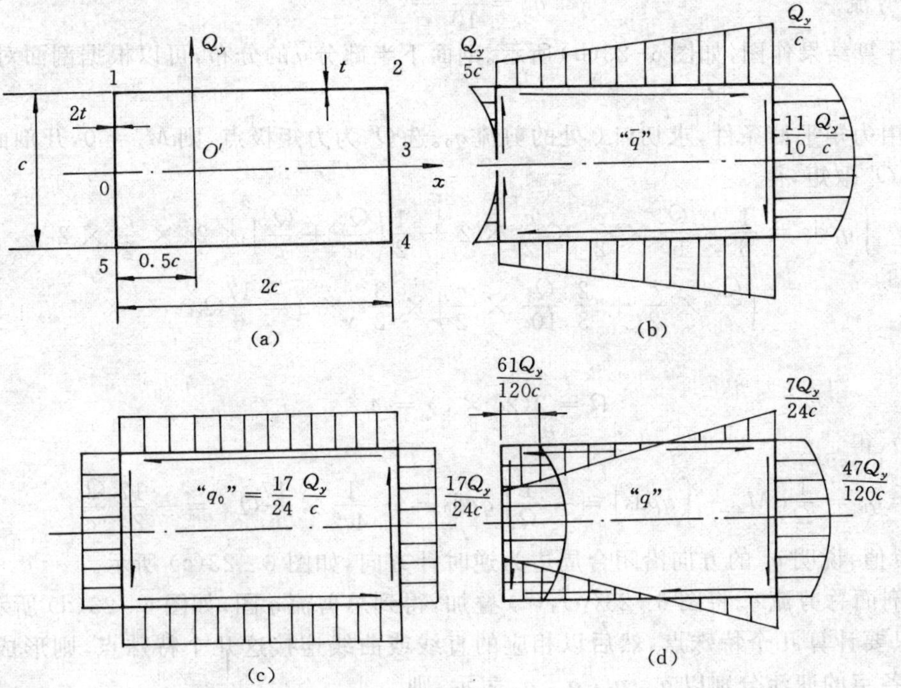

图 6-23

解 (1) 剖面上、下部分对称，故 x 轴即为形心主惯轴

$$J_x = \int_A y^2 t \mathrm{d}s = \frac{1}{12}(2t)c^3 + \frac{1}{12}tc^3 + 2 \times 2ct\left(\frac{c}{2}\right)^2 = \frac{5}{4}tc^3$$

(2) 选一适当切口，将单闭室剖面切开变为开剖面，并求此开剖面剪流 $\bar{q}$，取点 0 为切口。对于 0－1 段，静矩 S_x 及剪流 $\bar{q}$ 为

$$S_x = \int_0^y yt\mathrm{d}s = \int_0^y y(2t)\mathrm{d}y = ty^2, \quad \bar{q} = \frac{Q_y}{J_x}S_x = \frac{4}{5}\frac{Q_y y^2}{c^3}$$

点 1 的静矩
$$S_x = t\left(\frac{c}{2}\right)^2 = \frac{1}{4}tc^2$$

相应的剪流
$$\bar{q}_1 = \frac{1}{5}\frac{Q_y}{c}$$

对于 1－2 段，静矩 S_x 及剪流分别为

$$S_x = \frac{1}{4}tc^2 + \frac{1}{2}tcs_1, \qquad \bar{q} = \frac{1}{5}\frac{Q_y}{c^2}(c + 2s_1)$$

点 2 的静矩
$$S_x = \frac{5}{4}tc^2$$

相应的剪流
$$\bar{q}_2 = \frac{Q_y}{c}$$

对于 2－4 段，静矩 S_x 及剪流分别为

$$S_x = \frac{5}{4}tc^2 + \int_y^{\frac{c}{2}} yt\mathrm{d}y = \frac{5}{4}tc^2 + \frac{t}{2}\left[\left(\frac{c}{2}\right)^2 - y^2\right], \quad \bar{q} = \frac{1}{10}\frac{Q_y}{c^3}(11c^2 - 4y^2)$$

点 3 的静矩
$$S_x = \frac{5}{4}tc^2 + \frac{t}{2}\left(\frac{c}{2}\right)^2 = \frac{11}{8}tc^2$$

相应的剪流 $\bar{q}_3 = \dfrac{11}{10}\dfrac{Q_y}{c}$

将 $\bar{q}$ 的计算结果作图，如图 6-23(b) 所示。剖面下半部分 $\bar{q}$ 的分布，可以根据剖面对称性直接求得。

(3) 利用力矩平衡条件，求切口 0 处的剪流 q_0。选 O' 为力矩极点，则 $M_z = 0$，开剖面剪流 q 对力矩极点 O' 取矩，得

$$\int_s \bar{q}\rho \mathrm{d}s = \frac{1}{3}\times\frac{Q_y}{5c}\times\frac{c}{2}\times\frac{c}{2}\times 2 + \frac{1}{2}\left(\frac{Q_y}{5c}+\frac{Q_y}{c}\right)\times 2c\times\frac{c}{2}\times 2 + \left(\frac{Q_y}{c}\times\frac{c}{2}+\frac{2}{3}\frac{Q_y}{10c}\times\frac{c}{2}\right)\times\frac{3}{2}c\times 2 = \frac{17}{6}Q_y c$$

及

$$\Omega = 2(2c\times c) = 4c^2$$

由式(6-21)，得

$$q_0 = \frac{1}{\Omega}\left(M_z - \int_s \bar{q}\rho \mathrm{d}s\right) = -\frac{1}{\Omega}\int_s \bar{q}\rho \mathrm{d}s = -\frac{1}{4c^2}\times\frac{17}{6}Q_y c = -\frac{17}{24}\frac{Q_y}{c}$$

式中，q_0 为负值，说明 q_0 的方向沿闭合周边为逆时针方向，如图 6-23(c) 所示。

(4) 求剖面总剪流 q。将图 6-23(b)，(c) 叠加，得到总剪流 q 图，如图 6-23(d) 所示。在具体计算中，只要计算几个特殊点，然后以相应的直线或曲线连接这几个特殊点，则形成总的 q 图。现在，将各点的剪流分别以 q_0，q_1，q_2，q_3 表示，则

$$q_0 = \bar{q}_0 + q_0 = 0 - \frac{17}{24}\frac{Q_y}{c} = -\frac{17}{24}\frac{Q_y}{c}$$

$$q_1 = \bar{q}_1 + q_0 = \frac{1}{5}\frac{Q_y}{c} - \frac{17}{24}\frac{Q_y}{c} = -\frac{61}{120}\frac{Q_y}{c}$$

$$q_2 = \bar{q}_2 + q_0 = \frac{Q_y}{c} - \frac{17}{24}\frac{Q_y}{c} = \frac{7}{24}\frac{Q_y}{c}$$

$$q_3 = \bar{q}_3 + q_0 = \frac{11}{10}\frac{Q_y}{c} - \frac{17}{24}\frac{Q_y}{c} = \frac{47}{120}\frac{Q_y}{c}$$

(5) 根据图 6-23(d) 所示的 q 图，读者可自行完成校核 $\sum X = 0$，$\sum Y = 0$ 及 $\sum M_z = 0$。

例 6-7 计算图 6-24 所示四缘条闭合剖面薄壁梁在剪力 Q_y 作用下的剪流。设壁不承受正应力，缘条集中面积 $A_1 = 50\ \mathrm{mm}^2$，$A_2 = 200\ \mathrm{mm}^2$，剖面其他几何尺寸见图 6-24(a) 所示。

解 (1) 剖面上的集中面积上、下部分对称，故 x 轴即为形心主惯轴

$$J_x = \sum A_i y_i^2 = 2(A_1 + A_2)b^2 = 2\times(50+200)\times 60^2 = 1\ 800\ 000\ \mathrm{mm}^4$$

(2) 求剪流 $\bar{q}$。取圆弧上一点 a 作为 $s = 0$ 的起点。各段上的静矩按 $S_x = \sum A_i y_i$ 计算，

$$S_{1\text{-}2} = A_1 b = 50\times 60 = 3\ 000\ \mathrm{mm}^3$$

$$S_{2\text{-}3} = S_{1\text{-}2} + A_2 b = 3\ 000 + 200\times 60 = 15\ 000\ \mathrm{mm}^3$$

各段上的剪流按 $\bar{q} = \dfrac{Q_y}{J_x}S_x = 0.05\ S_x$ 计算

$$\bar{q}_{1\text{-}2} = 0.05S_{1\text{-}2} = 0.05\times 3\ 000 = 150\ \mathrm{N/mm}$$

$$\bar{q}_{2\text{-}3} = 0.05S_{2\text{-}3} = 0.05\times 15\ 000 = 750\ \mathrm{N/mm}$$

$\bar{q}$ 图如图 6-24(b) 所示。

(3) 求 a 处剪流 q_0。选点 0 为力矩极点，则有

$$M_z = Q_y c = 90\ 000\times 100 = 9\ 000\ 000\ \mathrm{N\cdot mm}$$

$$\int_s \bar{q}\rho \mathrm{d}s = 2 \times \bar{q}_{1-2} \times c \times b + \bar{q}_{2-3} \times 2b \times c =$$

$$2(150 \times 100 \times 60) + 750 \times 2 \times 60 \times 100 = 10\ 800\ 000\ \mathrm{N \cdot mm}$$

$$\Omega = 2\left(\frac{\pi b^2}{2} + 2bc\right) = 35\ 309.73\ \mathrm{mm}^2$$

$$q_0 = \frac{1}{\Omega}\left(M_z - \int_s \bar{q}\rho \mathrm{d}s\right) = \frac{-1\ 800\ 000}{35\ 309.73} = -51\ \mathrm{N/mm}$$

q_0 图如图 6－24(c) 所示

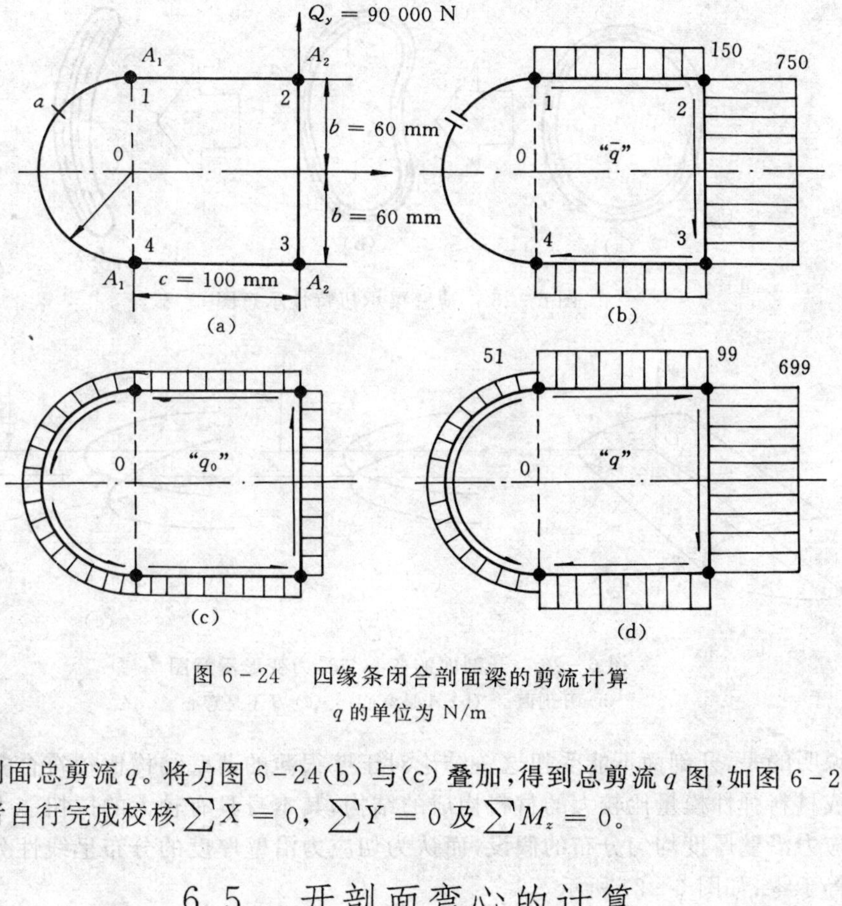

图 6－24　四缘条闭合剖面梁的剪流计算

q 的单位为 N/m

(4) 求剖面总剪流 q。将力图 6－24(b) 与(c) 叠加，得到总剪流 q 图，如图 6－24(d) 所示。

(5) 读者自行完成校核 $\sum X = 0$，$\sum Y = 0$ 及 $\sum M_z = 0$。

6.5　开剖面弯心的计算

1. 开剖面薄壁梁的承扭特性，剖面弯心

图 6－25(a) 所示为一单闭周边的结构。假定沿壁厚度切应力分布是均匀的，在扭矩作用下，剖面上的剪流为沿周边的等值剪流 q，只要剖面周边所围面积的两倍 Ω 为一定值，则剪流便可以由式(6－24) 求得。如果将剖面的周边完全挤扁成图 6－25(c) 的形状，Ω 值接近于零，此时，剪流将接近于无穷大。这一结果说明，在切应力沿壁厚均匀分布的假设下，开剖面是不能承受扭矩的。

因此，开剖面薄壁结构的剪流只可能是弯曲剪流。我们已经知道，开剖面弯曲剪流的分布规律只取决于剖面的几何性质 S_x 及 S_y。对于剖面形状一定的开剖面，其剪流的分布是一定的，所以剪流的合力的作用点也必定为一固定点。在推导开剖面剪流计算公式时，我们没有明确剪力 Q_x 和 Q_y 的作用点，但明确了剪力与剪流的合力应相平衡。因而，剪力必定作用在与剪流的合力作用点相对应的位置，我们把这个剪流的合力作用点称为开剖面的“弯心”。显然，对开剖面来说，剪力只允许通过弯心，因为任何不通过弯心的剪力，都将导致巨大而使结构无法承受的扭转变形，如图 6-26 所示。实际上结构在这种载荷作用下变成了几何可变系统。所以，开剖面的弯心在结构的受力过程中具有重要意义。如果将各剖面的弯心以直线相连，所形成的沿纵向的连线称为结构的“弯轴”，当外力作用线通过弯轴时，结构只发生弯曲变形，而无扭转变形。

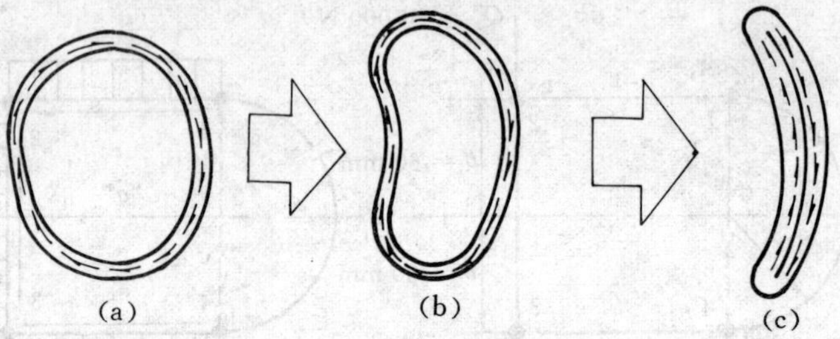

图 6-25　薄壁梁承扭特性示意图

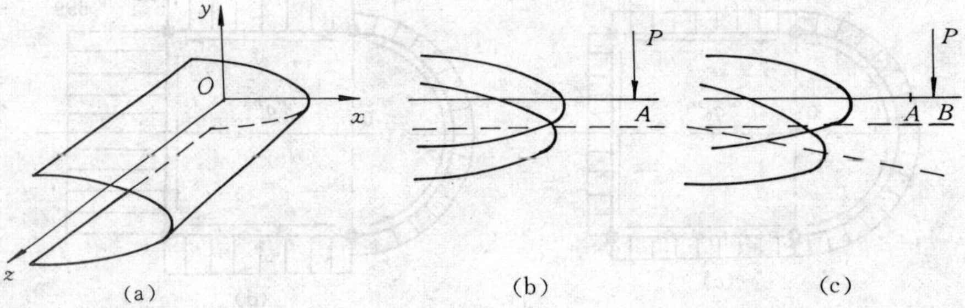

图 6-26　开剖面的弯心与受力变形示意图

(a) 开剖面；(b) A 是弯心；(c) B 不是弯心

值得说明的是，开剖面不能受扭这一结论对于壁很薄的薄壁结构比较符合实际。对于一些壁比较厚或材料弹性模量比较大的材料构成的结构，其本身具有较大的抗扭能力，这时我们可以放弃切应力沿壁厚度均匀分布的假设，而认为切应力沿壁厚度的分布呈线性分布，中性面上的切应力等于零，如图 6-27 所示。

对于壁很薄的薄壁结构，由于壁的厚度与其他尺寸相差很大，实际计算时忽略开剖面部分的承扭能力对结构的承扭能力影响不大。

2. 开剖面弯心的计算

根据以上的讨论可知，只需找到开剖面剪流的合力作用点，该点就是开剖面弯心的位置。因为开剖面的剪流是弯曲剪流，只要开剖面的力矩平衡方程满足，则剪力一定作用在弯心上。换句话说，倘若剪力不通过弯心，则可将其移到弯心上，另有一附加扭矩。因为开剖面不能承受扭矩，在开剖面上只产生弯曲剪流，这一弯曲剪流与剪力应满足平面内的三个平衡条件，而附加扭矩则平衡不了。这也就是说，若剪力不作用在弯心上，那么，开剖面的力矩平衡方程就无法满足。因此，可以利用力矩平衡方程求得开剖面弯心的位置。

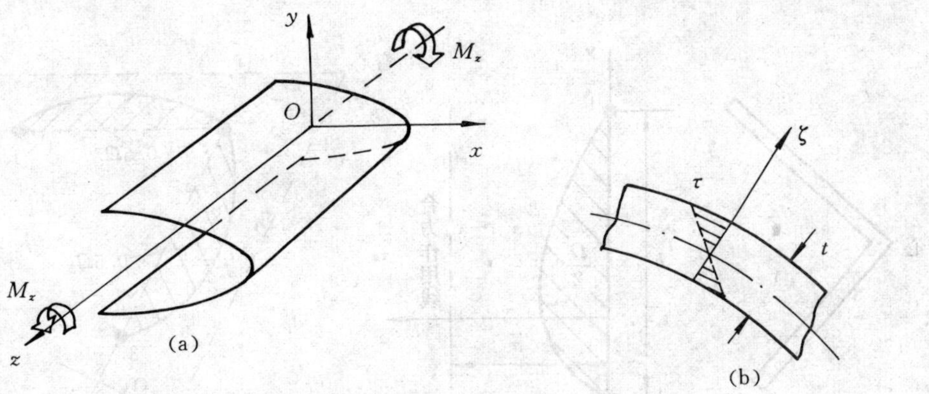

图 6-27　开剖面薄壁梁的承受扭矩能力

如图 6-28 所示的开剖面，为简单起见，这里假定 Oxy 轴为剖面形心主惯轴。将总剪力 Q 分解为 Q_x 和 Q_y。先考虑只有 Q_y 作用的情形，此时，剖面上的剪流 q 等于

$$q = \frac{Q_y}{J_x} S_x \tag{1}$$

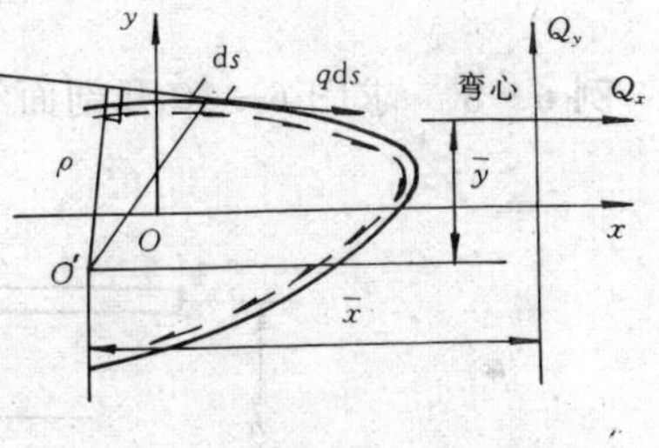

图 6-28　开剖面的弯心计算

现取任意点 O' 为力矩中心，则剪流对该点的力矩应等于其合力对同一点的力矩，即

$$Q_y \bar{x} = \int_s q\rho \mathrm{d}s \tag{2}$$

式中，ρ 为微段 $\mathrm{d}s$ 的剪流合力 $\rho\mathrm{d}s$ 到力矩中心 O' 的垂直距离，$Q_y\bar{x}$ 绕 O' 以逆时针方向为正，$\int_s q\rho \mathrm{d}s$ 绕 O' 以顺时针方向为正。将式(1) 代入式(2)，可得弯心坐标为

$$\bar{x} = \frac{1}{J_x}\int_s S_x \rho \mathrm{d}s \tag{6-25}$$

同理，可以得到弯心距力矩中心的 y 向坐标

$$\bar{y} = -\frac{1}{J_y}\int_s S_y \rho \mathrm{d}s \tag{6-26}$$

若 $\bar{x} > 0, \bar{y} > 0$，则弯心在力矩中心 O' 的右上方。

式 (6-25)、(6-26) 就是开剖面的弯心计算公式。从公式可以看出，弯心的位置只与剖面的几何形状有关，而与载荷及材料性质无关。

利用开剖面弯心的定义，即弯心是剖面上剪流的合力作用点，对于一些简单形状的或规则的剖面，可以用一些简单的方法来决定弯心的位置。例如当剖面有一对称轴(这里指剪流分布或静矩的对称轴)时，弯心必然在此对称轴上。同理，若剖面有两个对称轴(如工字形剖面)，则弯心必然在此二轴的交点上。又如图 6-29(a) 所示角形剖面，显然剪流合力作用点在角点上，所以该点就是弯心。对于图 6-29(b) 所示二集中面积的开剖面(壁不承受正应力)，可以证明剪流的合力作用线与弦线平行，其位置为如图所示的 $\bar{x} = \Omega/h$(Ω 是周边与弦线所围面积的两倍)，因此弯心必在此作用线上。利用图 6-29(b) 的结论，很容易求得图 6-29(c) 所示剖面的弯心位置，因为我们可以分别决定1-2及2-3部分的合力作用线，而这两条作用线的交点必为整

个剖面剪流的合力作用点，这个点就是剖面的弯心。

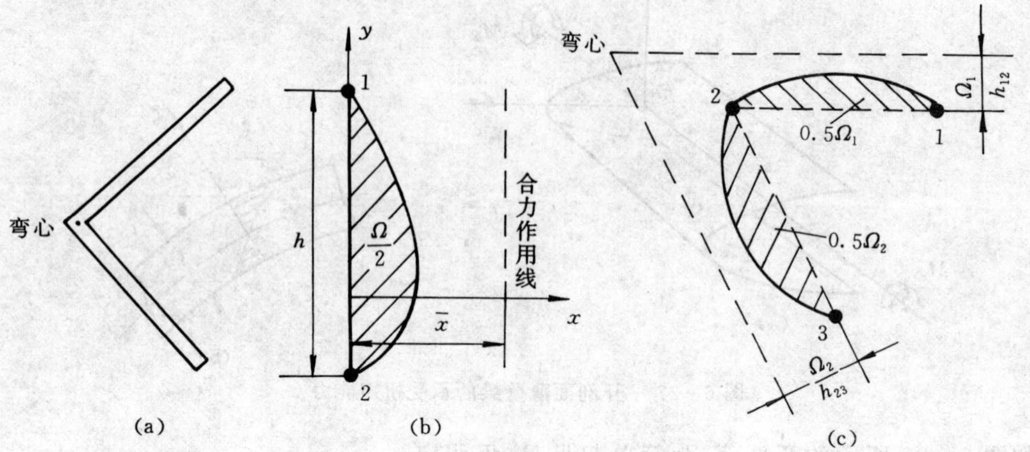

图 6-29　简单形状剖面的弯心

例 6-8　求图 6-30 开剖面结构的弯心位置。设壁厚均为，其他尺寸如图所示。

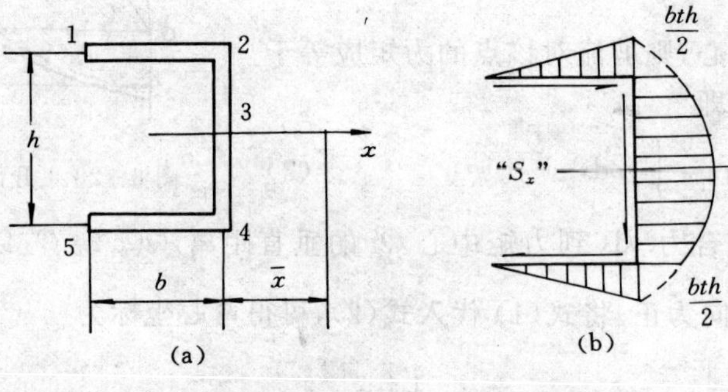

图 6-30　槽型剖面的弯心计算

解　显然 x 轴为该剖面的对称轴，所以弯心就在 x 轴上，因此，只需求弯心的 x 向坐标。静矩 S_x 如图 6-30(b) 所示。剖面惯性矩 J_x 为

$$J_x = \frac{1}{2}th^2\left(b + \frac{h}{6}\right)$$

选取点 4 作为力矩中心，则

$$\int_s S_x \rho \mathrm{d}s = \frac{1}{2} \times \frac{tbh}{2} \times b \times h = \frac{1}{4}tb^2h^2$$

由式(6-25)，求得

$$\bar{x} = \frac{tb^2h^2/4}{\frac{1}{2}th^2\left(b + \frac{h}{6}\right)} = \frac{3b^2}{6b + h}$$

弯心在点 4 右侧 x 轴上。

例 6-9　求图 6-31 开剖面结构的剪流及弯心位置。$Q_y = 5\,000$ N，$r = 100$ mm，5 个集中面积均为 $A = 400\ \text{mm}^2$，其他尺寸如图所示。设壁不受正应力。

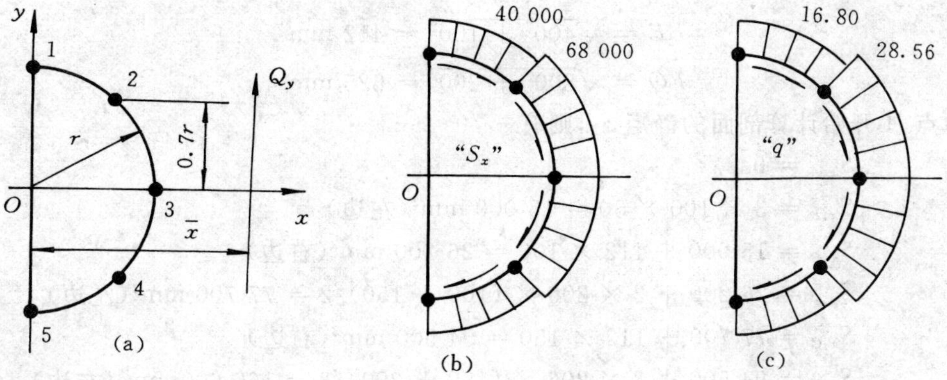

图 6-31　半圆形开剖面

S_x 的单位为 mm^3；q 的单位为 N/mm

解　显然 x 轴为剖面的形心主惯轴。由于壁不受正应力，故剖面惯性矩 J_x 为

$$J_x = 2(A \times r^2 + A \times (0.7r)^2) = 1\ 192 \times 10^4\ \text{mm}^4$$

计算剖面静矩 S_x 时，只需求点 1 与点 2 的静矩，便可以得到全剖面的静矩，如图 6-31(b) 所示。而剖面上的剪流按下式计算

$$q = \frac{Q_y}{J_x} S_x = 0.000\ 42 S_x$$

剖面剪流图如图 6-31(c) 所示。为了求弯心位置，取点 O 为力矩极点，则

$$\bar{x} = \frac{1}{J_x}\int_s S_x \rho \mathrm{d}s = \frac{1}{J_x}\sum r S_{x,i}\int_s \mathrm{d}s =$$

$$\frac{1}{1\ 192 \times 10^4} \times 100 \times 2 \times \left(40\ 000 \times \frac{\pi \times 100}{4} + 68\ 000 \times \frac{\pi \times 100}{4}\right) =$$

$$143\ \text{mm}$$

即剖面的弯心在 x 轴上点 O 右侧，距点 O 的距离为 143 mm。

例 6-10　求图 6-32 开剖面的弯心位置。各壁板的厚度如图所示，结构以 x 轴对称。设壁承受正应力，长桁的横截面积为 $A_1 = 112\ \text{mm}^2$，$A_2 = 129\ \text{mm}^2$，图中的尺寸单位为 mm。

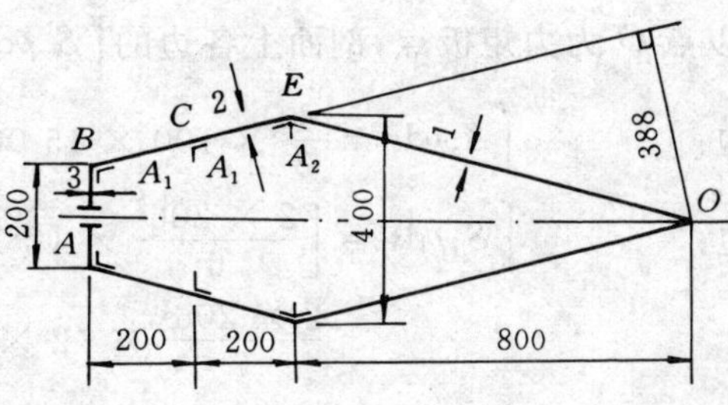

图　6-32

解　对称轴 x 轴为剖面的形心主惯轴，剖面对应于 x 轴的惯性矩 J_x 为

$$J_x = \int_s y^2 t \mathrm{d}s + \sum y_i^2 A_i =$$

$$\left[\frac{3 \times 200^3}{12} + 2 \times \frac{412 \times 2}{3} \times (100^2 + 100 \times 200 + 200^2) + \right.$$

$$\left. 2 \times \frac{825 \times 1}{3}(200^2) + 2 \times (112 \times 100^2 + 112 \times 150^2 + 129 \times 200^2)\right] \approx$$

$$8 \times 10^7\ \text{mm}$$

由已给出的数据，可算出

$$BE = \sqrt{400^2 + 100^2} = 412 \text{ mm}$$

$$EO = \sqrt{800^2 + 200^2} = 825 \text{ mm}$$

从自由边点 A 开始计算剖面的静矩 S_x，则有

$$S_{x,A} = 0$$

$$S_{x,B} = 3 \times 100 \times 50 = 15\ 000 \text{ mm}^2 (\text{左边})$$

$$S_{x,B} = 15\ 000 + 112 \times 100 = 26\ 200 \text{ mm}^3 (\text{右边})$$

$$S_{x,C} = 26\ 200 + 2 \times 206 \times (100 + 150)/2 = 77\ 700 \text{ mm}^2 (\text{左边})$$

$$S_{x,C} = 77\ 700 + 112 \times 150 = 94\ 500 \text{ mm}^3 (\text{右边})$$

$$S_{x,E} = 94\ 500 + 2 \times 206 \times (150 + 200)/2 = 166\ 600 \text{ mm}^3 (\text{左边})$$

$$S_{x,E} = 166\ 600 + 129 \times 200 = 192\ 400 \text{ mm}^3 (\text{右边})$$

$$S_{x,O} = 192\ 400 + 1 \times 825 \times 100 = 274\ 900 \text{ mm}^3$$

静矩 S_x 的分布如图 6-33 所示。

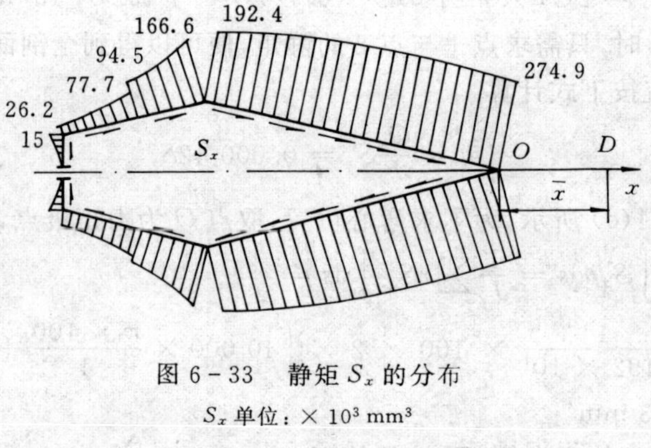

图 6-33　静矩 S_x 的分布

S_x 单位：$\times 10^3$ mm³

以点 O 为力矩极点，剖面上各边的 $\int_s S_x \rho \mathrm{d}s$ 值为

AB 边：$$\int_s S_x \rho \mathrm{d}s = \frac{1}{3} \times 100 \times 15\ 000 \times 1\ 200 = 6 \times 10^8 \text{ mm}^5$$

BE 边：$$\int_s S_x \rho \mathrm{d}s = \left[\frac{2 \times 206^2}{6} \times (2 \times 100 + 150) + 26\ 200 \times 206 + \frac{2 \times 206^2}{6} \times (2 \times 150 + 200) + 94\ 500 \times 206\right] \times 388 =$$

$$36\ 900\ 000 \times 388 = 143.172 \times 10^8 \text{ mm}^5$$

求得弯心坐标 $\bar{x}$ 为

$$\bar{x} = \frac{1}{J_x}\int_s S_x \rho \mathrm{d}s = \frac{1}{8 \times 10^7} \times (2 \times 6 + 2 \times 143.172) \times 10^8 = 372.93 \text{ mm}$$

即剖面的弯心在 x 轴上点 O 右侧，距点 O 的距离为 372.93 mm。

6.6　单闭室剖面弯心的计算

单闭室剖面薄壁结构可以承受任意形式的载荷，但它的剖面上也存在这样的一个点，当外

加的剪力通过该点时，结构只发生弯曲变形，而不发生扭转变形，这个点就称为单闭室剖面的弯心。同样，将各剖面的弯心以直线相连，沿纵向也得到一条弯轴，当外力通过弯轴时，结构只发生弯曲变形，而无扭转变形。

根据单闭室剖面的弯心定义，既然单闭室剖面在通过其弯心的剪力作用下，剖面只发生弯曲变形，而无扭转变形，即剖面的扭转角 $\varphi=0$（或剖面的相对扭转角 $\theta=0$），那么，我们就可以利用这一条件，来求得单闭室剖面的弯心位置。

1. 单闭室剖面薄壁结构的位移计算

这里我们将应用虚功原理，计算单闭室剖面薄壁结构在外力作用下的位移。如图 6-34 所示的一单闭室薄壁结构，在外力作用下，结构的真实内力包括正应力及切应力 τ（称为〈P〉状态）。为了求剖面上某一点 m 相对于远离固定端某一剖面（$Z_i=L_1$）的位移 Δ_{mp}，在 m 点处施加一对应的单位载荷，该单位载荷在结构中引起的正应力及切应力记为 $\bar{\sigma}_1$ 及 $\bar{\tau}_1$（称为〈1〉状态）。由虚功原理，可以得 Δ_{mp} 到的计算式为

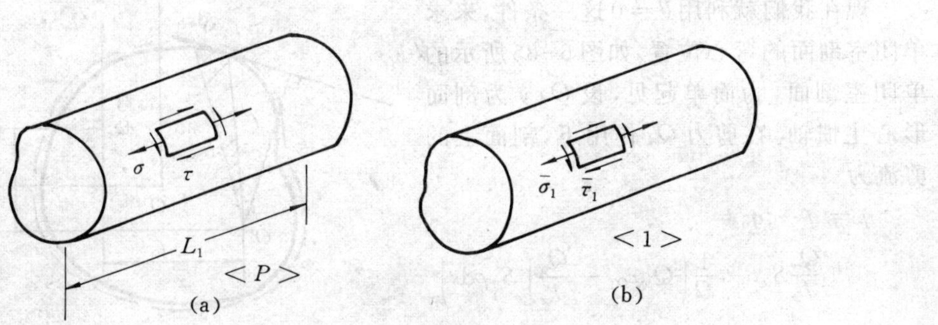

图 6-34 单闭室剖面薄壁结构的位移计算

$$\Delta_{mp}=\int_V\left(\frac{\bar{\sigma}_1\sigma}{E}+\frac{\bar{\tau}_1\tau}{G}\right)\mathrm{d}V=\int_s\int_0^{L_1}\left(\frac{\bar{\sigma}_1\sigma t}{E}+\frac{\bar{\tau}_1\tau t}{G}\right)\mathrm{d}z\mathrm{d}s \tag{6-27}$$

或

$$\Delta_{mp}=\int_s\int_0^{L_1}\left(\frac{\bar{\sigma}_1\sigma t}{E}+\frac{\bar{q}_1 q}{Gt}\right)\mathrm{d}z\mathrm{d}s \tag{6-28}$$

式中，t 是壁厚度，$\int_s$ 沿剖面周线积分，$\int_0^{L_1}$ 沿结构纵向积分。E，G 分别表示结构材料的弹性模量与切变模量。

欲求单闭室剖面的扭转角 φ，必须在该剖面上施加一单位扭矩，该单位扭矩在结构中产生的内力为

$$\bar{q}_1=\frac{1}{\Omega}\qquad 及 \qquad \bar{\sigma}_1=0$$

注意的是，这里要求以顺时针方向施加单位扭矩，由此而产生的 $\bar{q}_1$ 也是沿剖面中闭合周边顺时针方向。由式(6-28)，得

$$\varphi=\frac{1}{\Omega}\int_0^{L_1}\oint_s\frac{q\mathrm{d}s}{Gt}\mathrm{d}z \tag{6-29}$$

因为 $\bar{q}_1$ 只存在于剖面中的闭合周边上，故积分 $\oint_s$ 沿闭合周边进行。

剖面的相对扭转角 θ 为

$$\theta = \frac{d\varphi}{dz} = \frac{1}{\Omega}\oint_s \frac{q ds}{Gt} \tag{6-30}$$

若悬臂薄壁梁在自由端受纯扭矩 M_T 作用时，此时 $q = M_T/\Omega$，剖面的相对扭转角为

$$\theta = \frac{M_T}{\Omega^2}\oint_s \frac{ds}{Gt} \tag{6-31}$$

记

$$C = \frac{M_T}{\theta} = \frac{\Omega^2}{\oint_s \frac{ds}{Gt}} \tag{6-32}$$

式中，C 称为剖面的扭转刚度。由 C 的计算式可以看出，单闭室剖面的扭转刚度与剖面闭室面积的两倍的平方成正比。因此，要提高单闭室薄壁结构的扭转刚度，在剖面闭室周边长度一定的条件下，应尽量增大闭室面积是最有效的方法之一。

2. 单闭室剖面弯心的计算

现在我们就利用 $\theta = 0$ 这一条件，来求单闭室剖面的弯心位置。如图 6-35 所示的单闭室剖面，为简单起见，设 Oxy 为剖面形心主惯轴。在剪力 Q_y 作用下，剖面上的剪流为

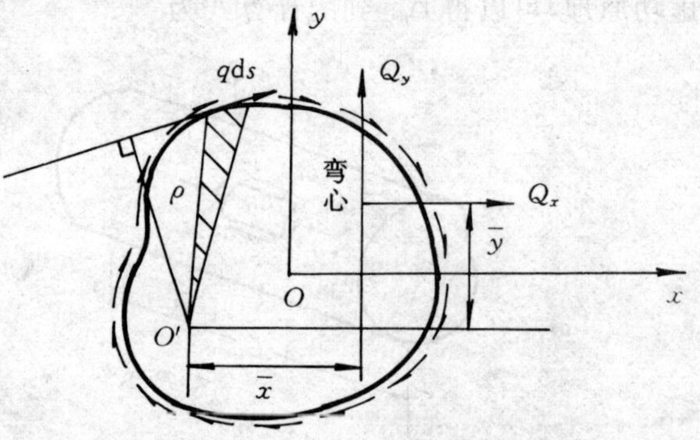

图 6-35　单闭室剖面的弯心计算

$$q = \bar{q} + q_0 = \frac{Q_y}{J_x}S_x + \frac{1}{\Omega}\left(Q_y x_{O'} - \frac{Q_y}{J_x}\int_s S_x \rho ds\right) \tag{1}$$

式中，$x_{O'}$ 为剪力 Q_y 到任意选定的力矩极点 O' 的距离。将式(1)代入式(6-30)得

$$\theta = \frac{1}{\Omega}\oint \frac{q ds}{Gt} = \frac{1}{\Omega}\left(\oint_s \frac{\bar{q} ds}{Gt} + q_0 \oint \frac{ds}{Gt}\right) = \frac{Q_y}{\Omega}\left[\frac{1}{J_x}\oint_s \frac{S_x}{Gt}ds + \frac{x_{O'}}{\Omega}\oint_s \frac{ds}{Gt} - \frac{\int_s S_x \rho ds}{\Omega J_x}\oint_s \frac{ds}{Gt}\right] \tag{2}$$

如果剪力 Q_y 通过弯心，必然有 $\theta = 0$，即有

$$\frac{1}{J_x}\oint_x \frac{S_x}{Gt}ds + \frac{x_{O'}}{\Omega}\oint_s \frac{ds}{Gt} - \frac{\int_s S_x \rho ds}{\Omega J_x}\oint_s \frac{ds}{Gt} = 0$$

此时 $x_{O'}$ 就是弯心到力矩极点 O' 的 x 轴向距离，记为 $\bar{x}$，如图 6-35 所示，并由上式可得

$$\bar{x} = \frac{1}{J_x}\left[\int_s S_x \rho ds - \Omega \frac{\oint_s \frac{S_x}{Gt}ds}{\oint_s \frac{1}{Gt}ds}\right] \tag{6-33}$$

同理，可以推出弯心到力矩极点 O' 的 y 轴向距离 $\bar{y}$

$$\bar{y} = -\frac{1}{J_y}\left[\int_s S_y \rho ds - \Omega \frac{\oint_s \frac{S_y}{Gt}ds}{\oint_s \frac{1}{Gt}ds}\right] \tag{6-34}$$

当 $\bar{x}>0,\bar{y}>0$ 时，表示弯心在力矩极点 O' 的右上方。式(6-33)和式(6-34)中，$\int_s$ 表示在全剖面的周边上积分，$\oint_s$ 表示仅在剖面中闭合周边上积分；单闭室剖面的弯心位置与外载荷无关。

应用式(6-33)和式(6-34)计算单闭室剖面的弯心时，应注意以下几点：

(1) 剖面的几何特性 J_x，J_y，S_x 及 S_y 是对剖面的形心主惯轴来计算的。

(2) 积分项 $\int_s S_x\rho\mathrm{d}s$ 中，绕力矩极点顺时针方向为正，反之为负。

(3) 应注意积分项 $\oint_s S_x\mathrm{d}s$ 和 $\oint_s S_y\mathrm{d}s$ 的正负号。由式(2)可以看出，沿闭室某一周边，当剪流 $\frac{1}{\Omega}$ 与 $\bar{q}$ 方向一致时，$\int S_x\mathrm{d}s$ 取正值，反之取负值。因为剪流 $\frac{1}{\Omega}$ 是沿闭室周边顺时针方向，所以，沿闭室某一周边上的 $\bar{q}$ 对于闭室而言顺时针方向时，$\int S_x\mathrm{d}s$ 取正值，反之取负值。如图 6-36 所示的例子，同样，可以确定 $\oint_s S_y\mathrm{d}s$ 的正负号。

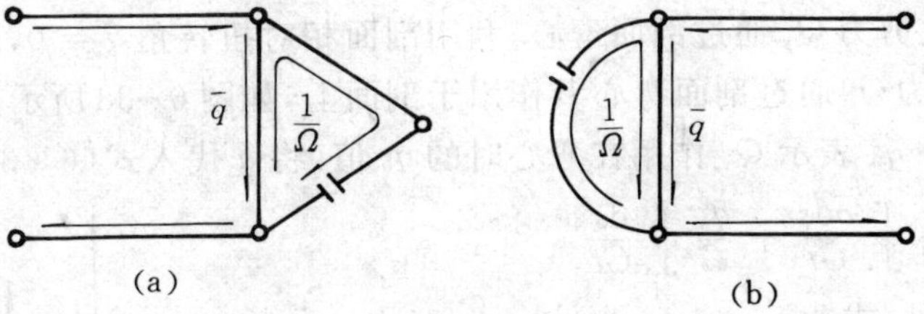

图 6-36

(a) $\oint_s S_x\mathrm{d}s$ 为负值；(b) $\oint_s S_x\mathrm{d}s$ 为正值

为避免死记公式及公式中一些积分项的正负号，在具体计算单闭室剖面的弯心时，常常不是直接利用式(6-33)和式(6-34)。另外在很多情况下，在求剖面弯心之前，剖面上的剪流已经求出。为此，实际中常采用一些其他的求解方法。

方法一 利用已知的剖面的剪流结果，确定剖面的弯心。设在剪力 Q_y 通过任一点 O 作用下的剖面剪流为 q。由于 Q_y 并不通过剖面的弯心，使剖面产生相对扭转角 θ_{Q_y}(以顺时针方向为正)，θ_{Q_y} 按式(6-30)计算，即

$$\theta_{Q_y}=\frac{1}{\Omega}\oint_s\frac{q\mathrm{d}s}{Gt}$$

现假设剖面弯心 B 到剪力作用点 O 的距离为 $\bar{x}$。通过弯心的剪力 Q_y 用通过点 O 的 Q_y 和一扭矩 $M_z=Q_y\bar{x}$ 来代替，如图 6-37 所示。

显然，剖面在点 O 处的剪力和力矩共同作用下的相对扭转角应当为零，即

$$\theta_{Q_y}-\theta_1\cdot M_z=0$$

式中，θ_1 为单位扭矩所产生的相对扭转角(以顺时针方向为正)。由式(6-31)，其值为

$$\theta_1=\frac{1}{\Omega^2}\oint_s\frac{\mathrm{d}s}{Gt}$$

于是

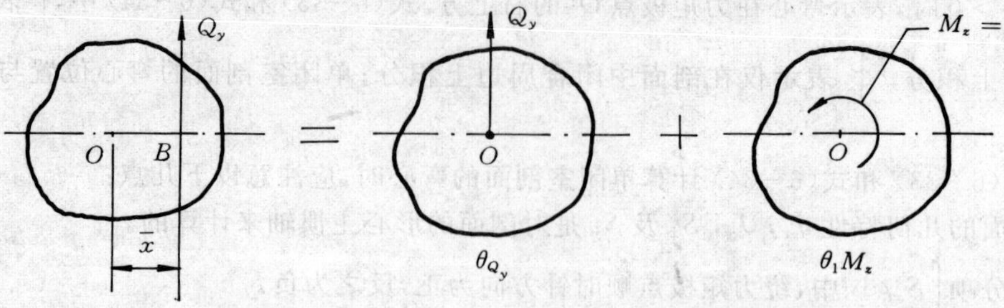

图 6-37　利用已知的剖面剪流结果，确定剖面的弯心

$$\bar{x} = \frac{\theta_{Q_y}}{\theta_1}\frac{1}{Q_y} \tag{6-35}$$

同样，可得

$$\bar{y} = -\frac{\theta_{Q_x}}{\theta_1}\frac{1}{Q_x} \tag{6-36}$$

当 $\bar{x} > 0$，$\bar{y} > 0$ 时，表示弯心在点 O 的右上方。

方法二　假设剪力 Q_y 通过剖面弯心，利用剖面相对扭转角 $\theta = 0$，确定剖面的弯心。假设有一大小任意的剪力 Q_y 通过剖面弯心 B 作用于剖面上，如图 6-38 所示。此时剖面上的剪流记为 $q = \bar{q} + q_0^{\mathrm{B}}$，其中 q_0^{B} 表示 Q_y 作用在弯心时的 q_0 值。将 q 代入式(6-30)得

$$\theta = \frac{1}{\Omega}\oint_s \frac{\bar{q}\mathrm{d}s}{Gt} + \frac{q_0^{\mathrm{B}}}{\Omega}\oint_s \frac{\mathrm{d}s}{Gt}$$

并利用 $\theta = 0$ 的条件，求得

$$q_0^{\mathrm{B}} = -\frac{\int_s \frac{\bar{q}}{Gt}\mathrm{d}s}{\oint_s \frac{\mathrm{d}s}{Gt}}$$

$q_0^{\mathrm{B}} > 0$ 表示 q_0^{B} 沿剖面闭室周边顺时针方向，反之，沿剖面闭室周边逆时针方向。

为求弯心 B 位置，对任一力矩极点 O' 取力矩平衡方程

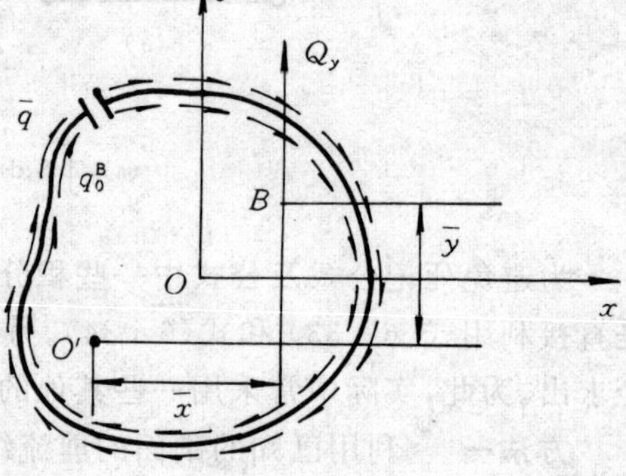

图 6-38　求单闭室剖面弯心示意图

$$Q_y\bar{x} = \int_s q\rho\mathrm{d}s$$

求得弯心位置 $\bar{x}$

$$\bar{x} = \frac{1}{Q_y}\int_s q\rho\mathrm{d}s \tag{6-37}$$

$\bar{x} > 0$ 表示弯心 B 位于极点 O' 的右方。同样方法，可求出弯心的 y 向位置坐标 $\bar{y}$

$$\bar{y} = -\frac{1}{Q_x}\int_s q\rho\mathrm{d}s \tag{6-38}$$

且 $\bar{y} > 0$ 表示弯心 B 位于极点 O' 的上方。

例 6-11 求图 6-39 单闭室剖面弯心位置。设壁不承受正应力，G，t 均相同。

解法 1　(1) x 轴为剖面对称轴，故弯心就在 x 轴上，因此只需要求弯心的横向坐标 $\bar{x}$。剖面的惯性矩 J_x 为

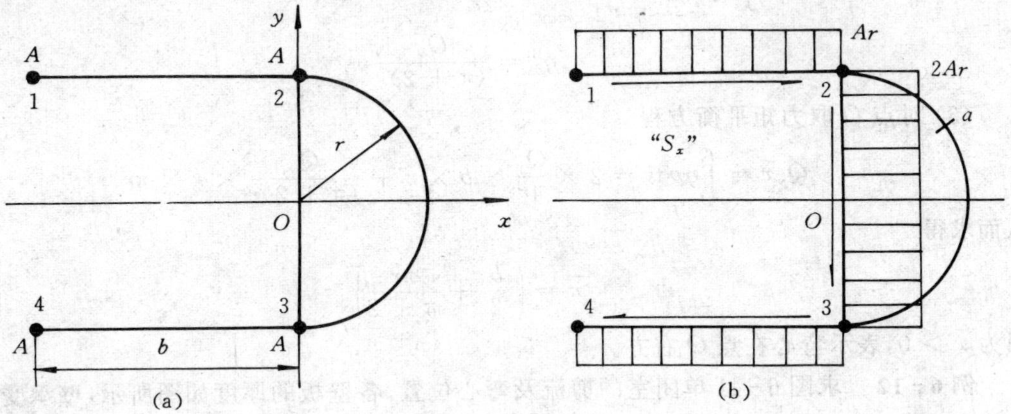

图 6-39

$$J_x = 4Ar^2$$

(2) 在圆弧段上取作 a 为切口,求静矩 S_x,如图 6-39(b) 所示。

(3) 取点 O 为力矩极点,计算

$$\int_s S_x \rho \mathrm{d}s = 2 \times Ar \times r \times b = 2Abr^2$$

及

$$\oint_s \frac{S_x \mathrm{d}s}{Gt} = \frac{1}{Gt}(-2Ar \times 2r) = -\frac{4Ar^2}{Gt}$$

$$\oint_s \frac{\mathrm{d}s}{Gt} = \frac{1}{Gt}(2r + \pi r) = \frac{(\pi + 2)r}{Gt}$$

$$\Omega = \pi r^2$$

这里需要注意积分项 $\oint_s S_x \mathrm{d}s$ 的正负号。

(4) 将以上数据代入式(6-33),求得

$$\bar{x} = \left(\frac{b}{2} + \frac{\pi r}{\pi + 2}\right)$$

因为 $\bar{x} > 0$,说明弯心在点 O 右方。

解法 2 (1) 假设一剪力 Q_y 作用在剖面弯心上。仍取圆弧段上 a 作为切口,求得开剖面剪流 $\bar{q}$ 如图 6-40 所示。

(2) 设切口 a 处的剪流为 q_0^{B}, q_0^{B} 沿剖面闭室顺时针方向。利用 $\theta = 0$,即

$$\theta = \frac{1}{\Omega}\oint_s \frac{(\bar{q} + q_0^{\mathrm{B}})\mathrm{d}s}{Gt} = 0$$

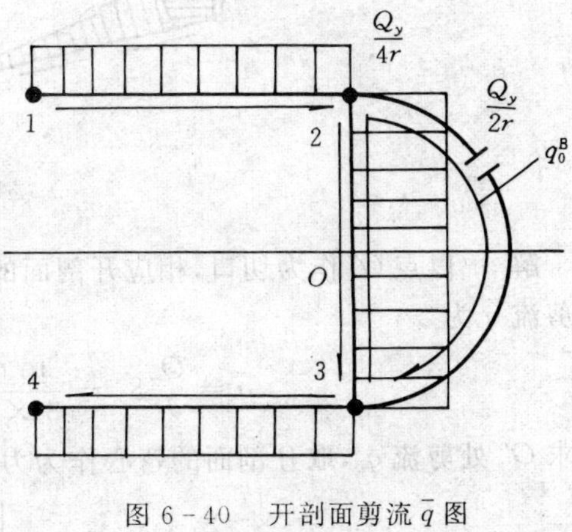

图 6-40　开剖面剪流 $\bar{q}$ 图

注意,剪流 $\frac{1}{\Omega}$ 沿剖面闭室顺时针方向。将 $\bar{q}$ 代入,并注意到 $\bar{q}$ 在闭室中的直壁上的方向与剪流 $\frac{1}{\Omega}$ 的方向相反。于是有

$$\oint_s \bar{q} ds + q_0^B \oint_s ds = -\frac{Q_y}{2r} \times 2r + q_0^B(\pi + 2)r = 0$$

$$q_0^B = \frac{Q_y}{(\pi + 2)r}$$

(3) 对点 O 取力矩平衡方程

$$Q_y \bar{x} = \int_s q\rho ds = 2 \times \frac{Q_y}{4r} \times b \times r + \frac{Q_y}{(\pi + 2)r} \times r \times \pi r$$

从而求得

$$\bar{x} = \left(\frac{b}{2} + \frac{\pi r}{\pi + 2} \right)$$

因为 $\bar{x} > 0$，表示弯心在点 O 右方。

例 6-12 求图 6-41 单闭室的剪流及弯心位置。各壁板的厚度如图所示，壁承受正应力，长桁的横截面积为 $A_1 = 112\ \text{mm}^2$，$A_2 = 129\ \text{mm}^2$，在距前缘 200 mm 处作用有剪力 $Q_y = 40\ 000$ N。图中的尺寸单位为 mm，剪流单位为 N/mm。设板的 G 均相同。

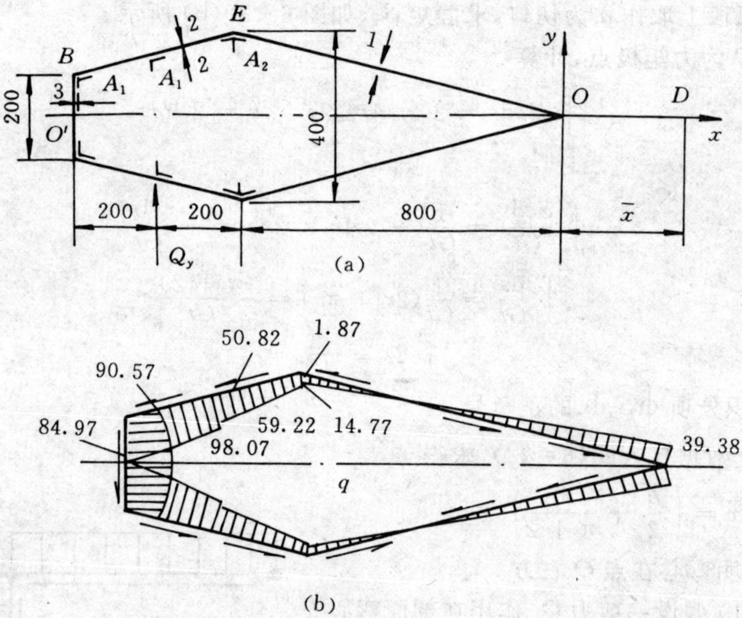

图 6-41

解 以点 O' 作为切口，相应开剖面的静矩及弯心已在例 6-10 中求得。由此得到开剖面的剪流 $\bar{q}$ 为

$$\bar{q} = \frac{Q_y}{J_x} S_x = \frac{40\ 000}{8 \times 10^7} S_x = 0.000\ 5 S_x\ \text{N/mm}$$

为求 O' 处剪流 q_0，取开剖面的弯心作为力矩极点，则

$$\int_s \bar{q} \rho ds = 0$$

及

$$q_0 = \frac{1}{\Omega}\left(M_z - \int_s \bar{q}\rho \mathrm{d}s\right) = \frac{M_z}{\Omega}$$

而

$$M_z = -Q_y(1\ 000 + \bar{x}) = -1\ 372.93\ Q_y = -54\ 917\ 200\ \mathrm{N \cdot mm}$$

$$\Omega = 560\ 000\ \mathrm{mm}^2$$

从而得

$$q_0 = -98.07\ \mathrm{N/mm}$$

于是，单闭室剖面的剪流 q 为

$$q = \bar{q} + q_0 = (0.000\ 5S_x - 98.07)\ \mathrm{N/mm}$$

将例 6-10 已算出的 S_x 代入上式，求出整个剖面最终剪流分布如图 6-41(b) 所示。

求剖面弯心位置 $\bar{x}$ 时，仍以 O 点为力矩极点。并计算

$$\oint_s \frac{S_x \mathrm{d}s}{t} = 2\left(\frac{1}{3}\int_{O'B} S_x \mathrm{d}s + \frac{1}{2}\int_{BE} S_x \mathrm{d}s + \frac{1}{1}\int_{EO} S_x \mathrm{d}s\right) =$$

$$2\left(\frac{1}{3} \times 50 + \frac{1}{2} \times 3\ 690 + \frac{1}{1} \times 20\ 410.5\right) \times 10^4 =$$

$$2 \times \frac{668\ 165}{3} \times 10^3 = 445\ 443.33 \times 10^3\ \mathrm{mm}^3$$

$$\oint_s \frac{\mathrm{d}s}{t} = 2\left(\frac{1}{3} \times 100 + \frac{1}{2} \times 412 + \frac{1}{1} \times 825\right) = 2 \times \frac{3\ 193}{3} = 2\ 128.67$$

将以上数据代入弯心计算公式

$$\bar{x} = \frac{1}{J_x}\left[\int_s S_x \rho \mathrm{d}s - \Omega \frac{\oint_s \frac{S_x}{Gt}\mathrm{d}s}{\oint_s \frac{1}{Gt}\mathrm{d}s}\right] = 372.93 - \frac{560\ 000}{8 \times 10^7} \times \frac{445\ 443.34 \times 10^3}{2\ 128.67} =$$

$$372.93 - 1\ 464.8 = -1\ 091.87\ \mathrm{mm}$$

即单闭室剖面弯心的位置在 x 轴上，$O'B$ 边右侧，距 $O'B$ 边的距离为 108.13 mm。

当结构扭转时，在剖面上总可以找到这样一个点，该点在扭转时只有旋转而无线位移，该点称为剖面的“扭转中心”，或简称为“扭心”。结合剖面弯心的特性，根据位移互等定理可以证明，剖面的弯心与扭心是重合的。令剖面弯心的位置为“1”，扭心的位置为“2”。当单位力通过点“1”时，在点“2”引起的转角为零，即 $\delta_{21} = 0$。当单位扭矩作用于剖面上时，则剖面上除了“2”无线位移外，其他各点均将由于角位移而形成了相应的线位移，即 $\delta_{12} \neq 0$。这一结果与位移互等定理相矛盾。只有当 $\delta_{12} = 0$ 时，才能满足位移互等定理。所以点“1”和点“2”必须是重合的。这就证明了弯心与扭心是一个点。

所以闭剖面的弯心就是扭心，通常也称为刚心。显然，弯轴与扭轴也是重合的。因为剪力通过弯轴时剖面只移动不转动，在扭矩作用下只转动而不移动，因此也称为刚轴。

6.7　多闭室剖面剪流的计算*

凡具有两个或两个以上闭室的薄壁结构，称它为多闭室剖面薄壁结构。如图 6-42(a) 所示的结构剖面为三闭室结构，它具有三个封闭周边。多闭室薄壁结构在载荷作用下剖面上的正应力仍可应用式(6-5)或式(6-6)进行计算。本节将在单闭室剖面内力计算的基础上阐明多闭

室剖面剪流的计算方法。

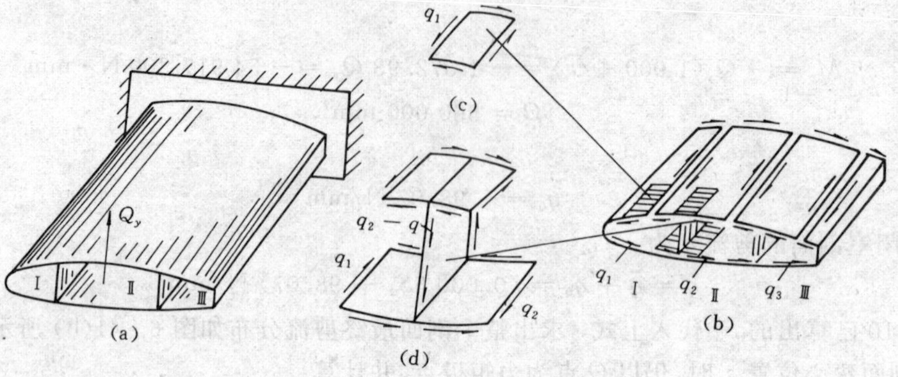

图 6-42 三闭室薄壁结构

1. *多闭室剖面薄壁结构的静不定度分析及剪流计算*

在 6.4 节单闭室剖面剪流的计算中，我们只引用了静力平衡方程，而未引用变形协调条件，因此它是静定结构。既然单闭室薄壁结构是静定的，那么两个闭室的结构可以认为是在静定的单闭室的基础上再增加一个约束而形成的，因而是 1 次静不定结构。依此类推，三闭室则为 2 次静不定结构。具有 n 个闭室剖面的结构，其静不定次数应等于 $n-1$ 次。所以，计算多闭室剖面的剪流仅仅用静力平衡条件是不够的，还必须引入变形协调方程。

图 6-42(a) 所示的三闭室结构，显然是一个 2 次静不定结构。按解不定问题的观点，我们只需在任意两个闭室上沿纵向切开，形成的单闭室剖面剪流可用平衡条件确定，而切口处的剪流用变形协调条件确定。但是，我们知道，在计算单闭室剖面剪流时，仍要将单闭室切开，求开剖面的剪流和切口处的剪流，只不过是这两个剪流仅用平衡条件就可以确定。因此，为计算方便，在计算多闭室剖面剪流时，我们仍将每个闭室同时沿纵向切开，形成开剖面系统。该开剖面的剪流 $\bar{q}$ 可用式(6-17)或式(6-18)求出，即

$$\bar{q}=\frac{Q_y}{J_x}S_x+\frac{Q_x}{J_y}S_y$$

式中，$\bar{q}$ 是弯曲剪流，只与剪力 $Q(Q_x, Q_y)$ 相平衡。由于剪流的作用，各个切口处的两边将产生纵向的相对位移，而不再保持切口变形的协调性了。为了保证切口处的变形协调（连续），我们可以设想在各切口处左、右两边沿纵向分别施加未知剪流 q_{01}，q_{02} 和 q_{03}，根据剪应力成对作用定理，横剖面上沿各闭室周边也有相应的剪流，如图 6-42(b) 所示。显然 I 闭室剪流为 q_{01}，在 I-Ⅱ 闭室相邻直壁上的剪流为 $q_{02}-q_{01}$。这样，多闭室剖面上的剪流 q 等于开剖面的剪流 $\bar{q}$ 与各切口处的剪流 q_{01}，q_{02}，q_{03} 叠加。用平衡观点的平面图表示，如图 6-43 所示，并可表示为

$$q=\bar{q}+q_{01}+q_{02}+q_{03} \tag{6-39}$$

各闭室的剪流分别为

$$\left.\begin{aligned}&\text{对于 I 室} && q=\bar{q}+q_{01}+q_{02}\\&\text{对于 Ⅱ 室} && q=\bar{q}+q_{01}+q_{02}+q_{03}\\&\text{对于 Ⅲ 室} && q=\bar{q}+q_{02}+q_{03}\end{aligned}\right\} \tag{6-40}$$

剖面中的剪流 q 应与外载荷平衡。弯曲剪流 $\bar{q}$（从而剪流 q）已满足与剪力 Q 的平衡方程，

而 q 还应满足力矩平衡方程。为此，可取剖面上任意一点 O' 为力矩中心，列出力矩平衡方程为

$$M_z = \int_s q\rho \mathrm{d}s = \int_s \bar{q}\rho \mathrm{d}s + \Omega_{\mathrm{I}} q_{01} + \Omega_{\mathrm{II}} q_{02} + \Omega_{\mathrm{III}} q_{03} \qquad (6-41)$$

式中，M_z 为剖面上全部外载荷（包括剪力 Q 和扭矩 M_z）对力矩中心 O' 的矩，以逆时针方向为正，剖面上的剪流对力矩中心 O' 的矩以顺时针方向为正，Ω_{I}，Ω_{II}，Ω_{III} 分别为闭室 Ⅰ，Ⅱ，Ⅲ 的周边所围面积的二倍。

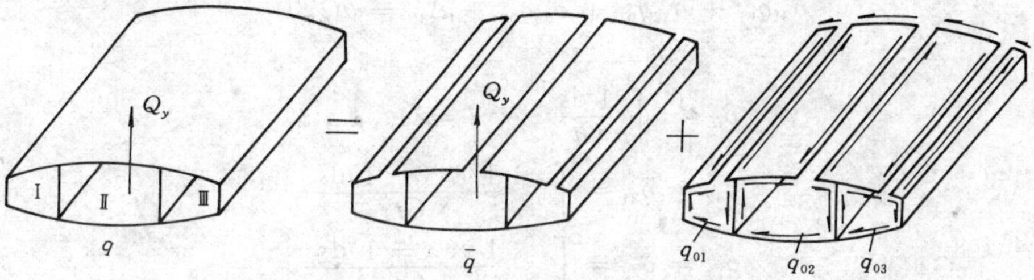

图 6-43　多闭室剖面的剪流

以上的讨论仅用了平衡条件，为了求出未知剪流 q_{01}，q_{02} 和 q_{03}，还需要利用变形协调条件建立补充方程。根据薄壁梁受载后横剖面形状保持不变的假设，其变形协调条件是：各闭室的相对扭转角必须相等，而且都等于整个剖面的相对扭转角，即

$$\theta_{\mathrm{I}} = \theta_{\mathrm{II}} = \theta_{\mathrm{III}} = \theta$$

多闭室剖面相对扭转角的求法，仍可应用单位载荷法求得。虚单位状态可取任意的静定系统。譬如，取成如图 6-44 所示的除 i 闭室外的其他闭室都沿纵向切开的单闭室作为静定的虚单位状态。在单位扭矩作用下，仅在这个闭室的周边上存在平衡剪流，其大小为 $1/\Omega_i$。将载荷作用下的静不定系统的变形作为位移状态。

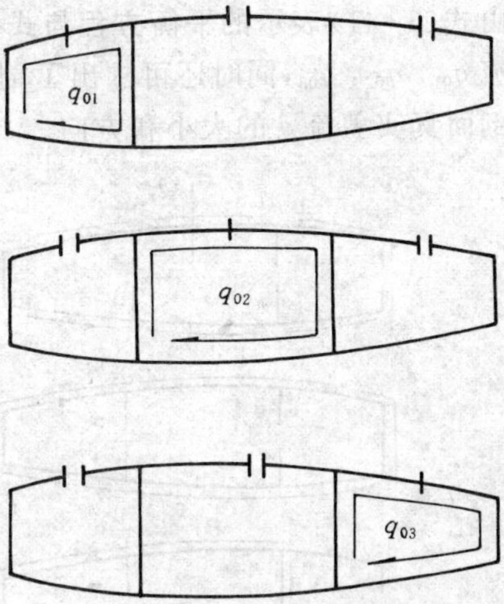

图 6-44　虚单位状态

由式(6-30)可得到各闭室剖面的相对扭转角为

$$\theta = \theta_{\mathrm{I}} = \frac{1}{\Omega_{\mathrm{I}}} \oint_{\mathrm{I}} \frac{q}{Gt} \mathrm{d}s$$

$$\theta = \theta_{\mathrm{II}} = \frac{1}{\Omega_{\mathrm{II}}} \oint_{\mathrm{II}} \frac{q}{Gt} \mathrm{d}s$$

$$\theta = \theta_{\mathrm{III}} = \frac{1}{\Omega_{\mathrm{III}}} \oint_{\mathrm{III}} \frac{q}{Gt} \mathrm{d}s$$

式中，$\oint_i$ 表示仅沿 i 闭室周边积分。将式(6-40)代入得

$$\theta = \frac{1}{\Omega_{\mathrm{I}}} \oint_{\mathrm{I}} \frac{1}{Gt} (\bar{q} + q_{01} + q_{02}) \mathrm{d}s$$

$$\theta = \frac{1}{\Omega_{\mathrm{I}}}\oint_{\mathrm{I}} \frac{1}{Gt}(\bar{q} + q_{01} + q_{02} + q_{03})\mathrm{d}s$$

$$\theta = \frac{1}{\Omega_{\mathrm{II}}}\oint_{\mathrm{II}} \frac{1}{Gt}(\bar{q} + q_{02} + q_{03})\mathrm{d}s$$

此式写成一般形式为

$$\left.\begin{aligned} \delta_{11}q_{01} + \delta_{12}q_{02} + \delta_{13}q_{03} + \Delta_{1P} = \theta\Omega_{\mathrm{I}} \\ \delta_{21}q_{01} + \delta_{22}q_{02} + \delta_{23}q_{03} + \Delta_{2P} = \theta\Omega_{\mathrm{I}} \\ \delta_{31}q_{01} + \delta_{32}q_{02} + \delta_{33}q_{03} + \Delta_{3P} = \theta\Omega_{\mathrm{II}} \end{aligned}\right\} \tag{6-42}$$

式中

$$\delta_{ii} = \oint_{i} \frac{1^2\mathrm{d}s}{Gt} \qquad i = \mathrm{I}, \mathrm{II}, \mathrm{III}$$

$$\delta_{12} = \delta_{21} = \int_{\mathrm{I-II}} \frac{1 \times (-1)\mathrm{d}s}{Gt}$$

$$\delta_{23} = \delta_{32} = \int_{\mathrm{II-III}} \frac{1 \times (-1)\mathrm{d}s}{Gt}$$

$$\delta_{13} = \delta_{31} = 0$$

$$\Delta_{iP} = \oint_{i} \frac{\bar{q} \times (1)\mathrm{d}s}{Gt} \qquad i = \mathrm{I}, \mathrm{II}, \mathrm{III}$$

由式(6-41)表示的平衡方程与式(6-42)所表示的变形协调方程联立求解，可得出3个未知剪流 q_{01}，q_{02}，q_{03}，同时还可求出了剖面的相对扭转角 θ。将结果代入式(6-39)，便可求出多闭室剖面真实剪流 q 的大小和方向。

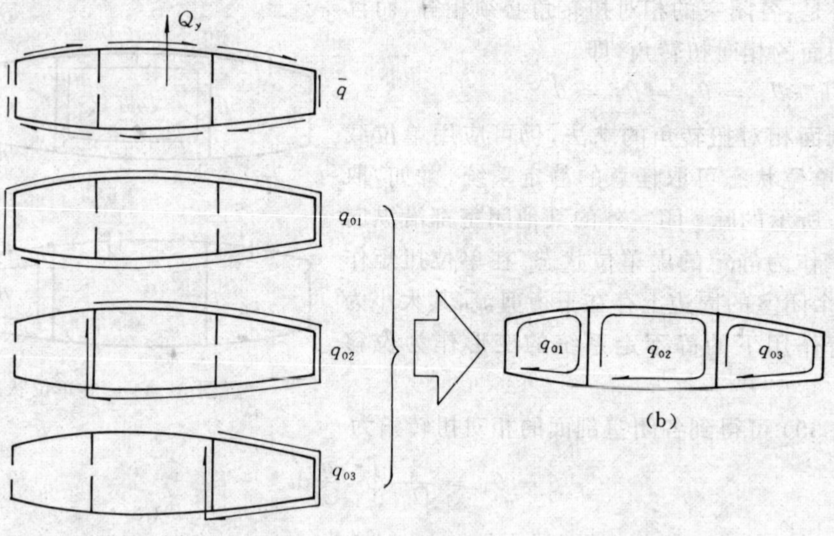

图 6-45　虚单位状态的选取

还需指出，为了计算方便，对不同的多闭室结构，求 $\bar{q}$ 时剖面的切口与求 q_{01}，q_{02}，q_{03} 时剖面的切口可以取不同的位置。如图 6-45 所示三闭室剖面，当腹板不受正应力时，将切口取在腹板上求 $\bar{q}$ 比较方便。但未知剪流 q_{01}，q_{02}，q_{03} 仍取相同的切口位置时，则 q_{01}，q_{02} 分别涉及到三个和两个闭室，因而在求解这些剪流时将会遇到繁杂的计算（如系数 δ，Δ 的计算等）。如果我们采用分别只沿一个闭室作用的3个未知剪流q_{01}，q_{02}(见图6-45(b))来代替q_{01}，q_{02}，q_{03}的作用，这样将会简化计算，而且具有更大的灵活性。此外，在实际计算中注意利用剖面的对称性，亦可简化计算，并降低静不定次数。

2. 多闭室剖面薄壁结构扭转刚度及弯心的计算

(1) 多闭室剖面的扭转刚度。设

$$\Omega = \Omega_{\mathrm{I}} + \Omega_{\mathrm{II}} + \Omega_{\mathrm{III}} = \sum \Omega_i$$

则由式(6-42)，可得

$$\theta = \frac{1}{\sum \Omega_i}[q_{01}(\delta_{11} + \delta_{21} + \delta_{31}] + q_{02}(\delta_{21} + \delta_{22} + \delta_{23}) + \\ + q_{03}(\delta_{31} + \delta_{32} + \delta_{33})] = \frac{1}{\Omega}(q_{01}\sum \delta_{i1} + q_{02}\sum \delta_{i2} + q_{03}\sum \delta_{i3})$$

仍用符号C代表多闭室剖面的扭转刚度，则

$$C = \frac{M_z}{\theta} = \frac{q_{01}\Omega_{\mathrm{I}} + q_{02}\Omega_{\mathrm{II}} + q_{03}\Omega_{\mathrm{III}}}{q_{01}\sum \delta_{i1} + q_{02}\sum \delta_{i2} + q_{03}\sum \delta_{i3}} \cdot \Omega \tag{6-43}$$

若$q_{01} = q_{02} = q_{03}$，则

$$C = \frac{\Omega^2}{\sum \delta_{i1} + \sum \delta_{i2} + \sum \delta_{i3}} = \frac{\Omega^2}{\sum \delta_{ij}} \tag{6-44}$$

式中，$\sum \delta_{ij}$包括方程式(6-42)中的所有δ系数。

实际上，当$q_{01} = q_{02} = q_{03}$时，各直壁上的剪流等于零，此时，多闭室剖面将如单闭室剖面一样地受扭。因此，比较式(6-44)、式(6-32)，可知

$$C = \frac{\Omega^2}{\oint_s \frac{\mathrm{d}s}{Gt}} \tag{6-45}$$

式中，$\oint_s$表示沿多闭室剖面外周边积分。

在实际情况中，q_{01}，q_{02}，q_{03}不一定相等，此时扭转刚度需按式(6-43)计算，而且必须把q_{01}，q_{02}，q_{03}算出来。如果q_{01}，q_{02}，q_{03}的值相差不大时，直壁上的剪流值较小，用式(6-45)可以简便地估算出多剖面剖面扭转刚度的近似值。

(2) 多闭室剖面的弯心(刚心)。多闭室剖面的弯心和扭心也是重合的，求多闭室剖面弯心的方法和单闭室剖面的相同，可以假定剪力Q作用在弯心上，把Q分解为Q_x和Q_y，然后利用剖面的相对扭角为零的条件，分别求出Q_y，Q_x单独作用下的各闭室的剪流$(q_{0i}^{\mathrm{B}})_{Q_y}$，$(q_{0i}^{\mathrm{B}})_{Q_x}$再利用剖面的力矩平衡条件，求出弯心的坐标$\bar{x}$，$\bar{y}$。下面我们直接写出结果为

$$\left.\begin{aligned} \bar{x} &= \frac{\oint (\bar{q})_{Q_y}\rho \mathrm{d}s + \sum \Omega_i (q_{0i}^{\mathrm{B}})_{Q_y}}{Q_y} \\ \bar{y} &= -\frac{\oint (\bar{q})_{Q_x}\rho \mathrm{d}s + \sum \Omega_i (q_{0i}^{\mathrm{B}})_{Q_x}}{Q_x} \end{aligned}\right\} \tag{6-46}$$

式中，$(\bar{q})_{Q_y}$，$(\bar{q})_{Q_x}$分别为Q_y，Q_x作用下开剖面的剪流；$(q_{0i}^{\mathrm{B}})_{Q_y}$，$(q_{0i}^{\mathrm{B}})_{Q_x}$分别为$Q_y$，$Q_x$作用在弯心时，第$i$闭室的常剪流。

从式(6-46)可以看出用计算确定多剖面弯心的位置是很麻烦的。但是我们可以找到一个

确定弯心位置的简便的试验方法。

设有一多闭室剖面，分别在剖面前后两点处作用一相同载荷 P，测出当 P 作用在点 1 时，点 1 及点 2 的位移为 Δ_{11} 及 Δ_{21}。又测出当 P 作用在点 2 时，点 2 及点 1 的位移为 Δ_{22} 及 Δ_{12}。然后，如图 6-46 所示连接两次位移的连线，这两条直线的交点的位置即为弯心。

上述方法的证明是很容易的，因为作用在任何点处的载荷总可以理解为作用在弯心上的力和一个扭矩，但扭矩作用下弯心是没有位移的。因此，只要作用的力相等，弯心处的位移总是一样的。

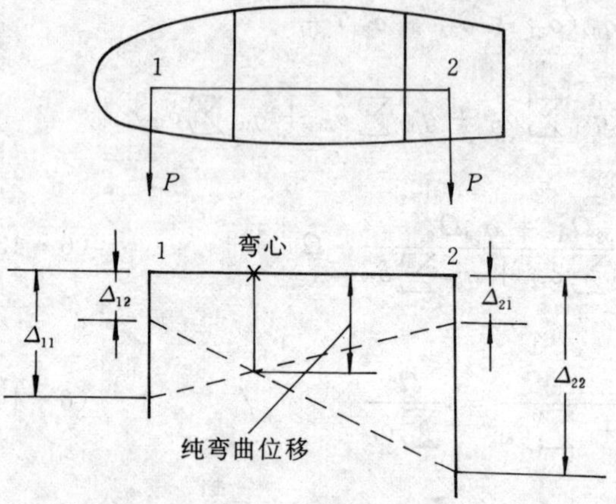

图 6-46　确定弯心位置的试验方法图示

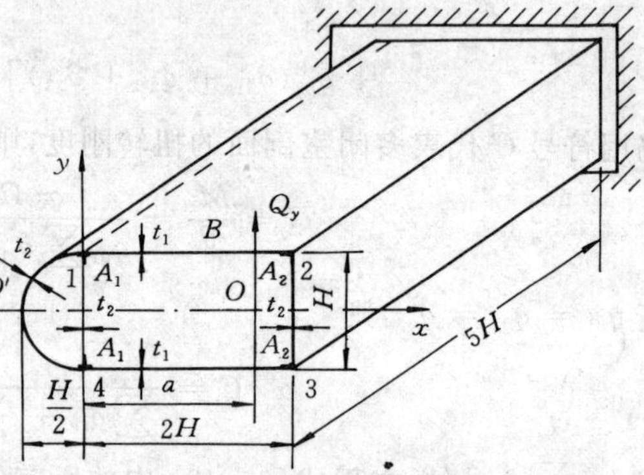

图 6-47　双闭室剖面薄壁结构

例 6-13　计算图 6-47 双闭室结构的剪流及端部剖面的扭转角。此结构为一双梁式无桁条等剖面机翼计算模型，在距前梁 a = 345 mm 处受剪力 $Q_y = 45\ 000$ N 作用。其前缘简化为半圆形，蒙皮和腹板的厚度及其他尺寸如图所示。$t_1 = 1$ mm，$t_2 = 2$ mm，$H = 200$mm，前后梁缘条的面积分别为 $A_1 = 2A_2 = 1\ 000\ \text{mm}^2$。结构各元件材料均相同，且 $G = 2.7 \times 10^4$ MPa。设蒙皮和梁腹板均不承受正应力而只承受切应力。

解　注意到剖面的对称性，x 轴即为形心主轴。以剖面图上的 O'，B 两点作为静矩 S_x 的起算点（即切口），按下式计算剪流 $\bar{q}$

$$\bar{q} = \frac{Q_y S_x}{J_x}$$

式中

$$J_x = 2\left[A_1\left(\frac{H}{2}\right)^2 + A_2\left(\frac{H}{2}\right)^2\right] = 30\ 000\ 000\ \text{mm}^4$$

$$S_{x1} = A_1\frac{H}{2} = 100\ 000\ \text{mm}^3, \qquad S_{x2} = A_2\frac{H}{2} = 50\ 000\ \text{mm}^3$$

因此

$$\bar{q}_1 = 150\ \text{N/mm}, \qquad \bar{q}_2 = 75\ \text{N/mm}$$

设两室中计算起点 O' 与 B 处的剪流为 q_{01} 与 q_{02}，并取剖面中点 O 为力矩中心，按式(6-42)和式(6-41)列出下列方程组

$$\begin{cases} q_{01}\delta_{11} + q_{02}\delta_{12} + \Delta_{1P} = \theta\Omega_1 \\ q_{01}\delta_{21} + q_{02}\delta_{22} + \Delta_{2P} = \theta\Omega_1 \\ \oint \bar{q}\rho \mathrm{d}s + q_{01}\Omega_1 + q_{02}\Omega_1 = M_z \end{cases}$$

式中

$$\delta_{11}=\oint_{\mathrm{I}}\frac{\mathrm{d}s}{Gt}=\frac{1}{G}\left(\frac{\pi H}{2}+\frac{H}{2}\right)=414.16\,\frac{1}{G}$$

$$\delta_{12}=\delta_{21}=\int_{\mathrm{I-II}}\frac{-\mathrm{d}s}{Gt}=-\frac{1}{G}\left(\frac{H}{2}\right)=-100\,\frac{1}{G}$$

$$\delta_{22}=\oint_{\mathrm{II}}\frac{\mathrm{d}s}{Gt}=\frac{2}{G}\left(\frac{2H}{1}+\frac{H}{2}\right)=1\,000\,\frac{1}{G}$$

$$\Delta_{1P}=\oint_{\mathrm{I}}\frac{\bar{q}\mathrm{d}s}{Gt}=\frac{150\times 200}{G\times 2}=15\,000\,\frac{1}{G}$$

$$\Delta_{2P}=\oint_{\mathrm{II}}\frac{\bar{q}\mathrm{d}s}{Gt}=\frac{-150\times 200+75\times 200}{G\times 2}=-7\,500\,\frac{1}{G}$$

$$\Omega_{\mathrm{I}}=\pi\left(\frac{H}{2}\right)^2=31\,416$$

$$\Omega_{\mathrm{II}}=4H^2=160\,000$$

$$\int_{\mathrm{I-II}}\bar{q}\rho\mathrm{d}s=(-150\times 345+75\times 55)\times 200=-9\,525\,000$$

由于 Q_y 通过点 O，故 $M_z=0$。将这些数据代入方程组，则

$$\begin{cases}414.16q_{01}-100q_{02}+15\,000=31\,416\theta G\\-100q_{01}+1\,000q_{02}-7\,500=160\,000\theta G\\-9\,525\,000+31\,416q_{01}+160\,000q_{02}=0\end{cases}$$

解此方程组得

$$q_{01}=2.38\ \mathrm{N/mm}$$

$$q_{02}=59.06\ \mathrm{N/mm}$$

$$\theta=1.188\times 10^{-5}\ \mathrm{l/mm}$$

将 $\bar{q}$ 与 q_{01}，q_{02} 叠加便可作出总剪流分布图，如图 6-48 所示。

端剖面扭转角为

$$\varphi=\theta\times 5H=0.011\,88\ \mathrm{rad}$$

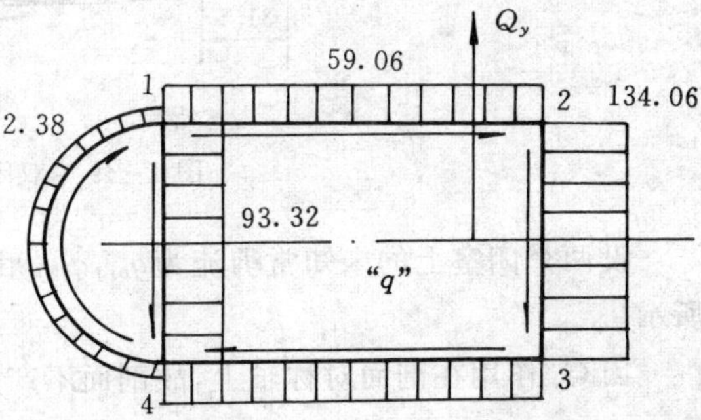

图 6-48　双闭室剖面剪流分布

q 的单位为 N/mm

例 6-14　图 6-49(a) 所示，一双闭室剖面蒙皮厚度为 t，承受正应力和切应力。直壁厚度为 t_1，且可以认为不承受正应力。各壁板材料相同，剪力 Q_y 作用在对称轴上。试求剖面上的剪流。设蒙皮的上下周线可以分别用下列方程式表示

$$y_{上}=\frac{H}{2}\sin\frac{\pi x}{B},\qquad y_{下}=-\frac{H}{2}\sin\frac{\pi x}{B}$$

解　为了利用对称条件，我们在点 1 和点 3 处开口。此时

$$\bar{q}=\frac{Q_yS_x}{J_x}$$

因为周边的斜度很小，可以取 $\mathrm{d}s=\mathrm{d}x$。因此

$$S_x^{1-2}=\int_0^x\frac{H}{2}\sin\frac{\pi x}{B}t\mathrm{d}x=\frac{HBt}{2\pi}\left(1-\cos\frac{\pi x}{B}\right)$$

整个剖面对 x 轴的惯性矩为

$$J_x=4\int_0^{B/2}\left(\frac{H}{2}\sin\frac{\pi x}{B}\right)^2t\mathrm{d}x=\frac{HB^2t}{4}$$

所以

$$\bar{q}_{1-2} = \frac{Q_y}{J_x} S_x^{1-2} = \frac{2Q_y}{\pi H}\left(1 - \cos\frac{\pi x}{B}\right) \qquad 0 \leqslant x \leqslant \frac{B}{2}$$

在点 2 处

$$\bar{q}_2 = \frac{2Q_y}{\pi H}$$

根据对称条件及反对称条件，立即可以定出剖面其他各段的剪流 $\bar{q}$。因为直壁不承受正应力，所以直壁上的剪流为常数，等于$\dfrac{4Q_y}{\pi H}$。剪流 $\bar{q}$ 的分布方向如图 6-49(b) 所示。

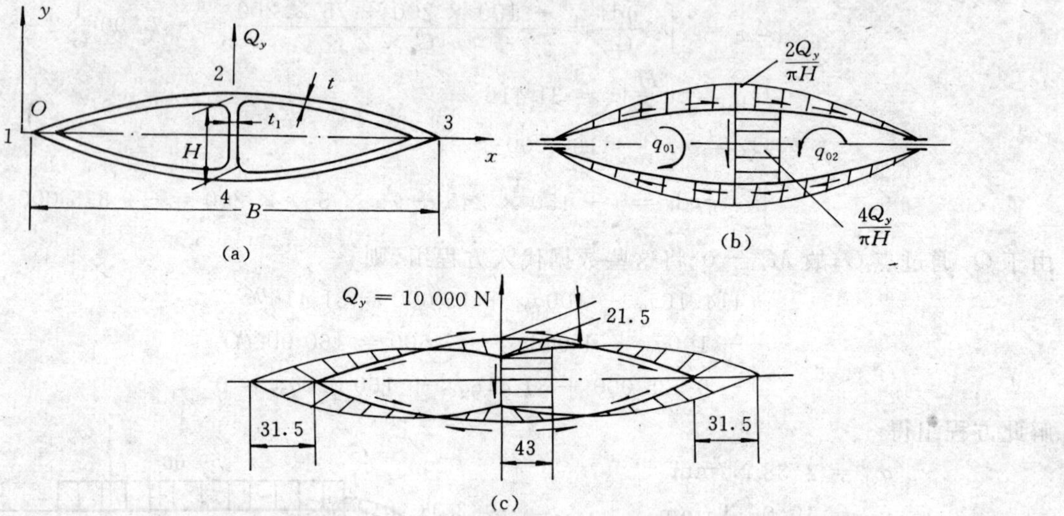

图 4-49　双闭室剖面的剪流计算

设两个闭室上的未知常剪流为q_{01}，q_{02}，由对称条件知其数值相等方向相反，如图 6-49(b) 所示。

因 Q_y 作用在剖面对称轴上，故剖面不产生扭转，即 $\theta = 0$。则有

$$\oint_{\text{Ⅰ}} \frac{q\mathrm{d}s}{t} = 0$$

算得积分

$$\oint_{\text{Ⅰ}} \frac{q\mathrm{d}s}{t} = \frac{2}{2}\oint_0^{B/2} \bar{q}\mathrm{d}x + \frac{4Q_y}{\pi H}\frac{H}{t_1} + 2\frac{q_{01}}{t}\int_0^{B/2}\mathrm{d}x + (q_{01} + q_{02})\frac{H}{t_1} =$$

$$\frac{2Q_yB}{\pi Ht}\left(1 - \frac{2}{\pi}\right) + \frac{4Q_y}{\pi t} + q_{01}\frac{B}{t} + (q_{01} + q_{02})\frac{H}{t_1}$$

注意到 $q_{01} = q_{02}$，于是得

$$q_{01} = q_{02} = -\frac{2Q_y\left(\dfrac{B}{Ht} - \dfrac{2B}{\pi Ht} + \dfrac{2}{t_1}\right)}{\pi\left(\dfrac{B}{t} + \dfrac{2H}{t_1}\right)}$$

若利用正则方程(6-42)来求 q_{01}，则在图 6-49(b) 所示的静定系统上分别施加载荷 Q_y(载荷状态)及单位力 $q_{01} = q_{02} = 1$(单位力状态)，求得位移影响系数为(注意单位力状态中直壁上剪流等于 2)

$$\delta_{11}=\frac{1}{G}\left(\frac{2B}{t}+\frac{4H}{t_1}\right)$$

$$\Delta_{1P}=\frac{4}{Gt}\int_0^{B/2}\bar{q}\mathrm{d}x+2\times\frac{4Q_y}{\pi H}\times\frac{H}{Gt_1}=\frac{4Q_yB}{GtH\pi}\left(1-\frac{2}{\pi}\right)+\frac{8Q_y}{G\pi t_1}$$

代入 $\delta_{11}q_0+\Delta_{1P}=0$，求得 q_{01} 的结果与前相同。

设 $Q_y=10\ 000\ \mathrm{N}$，$B=1\ 000\ \mathrm{mm}$，$H=120\ \mathrm{mm}$，$t=8\ \mathrm{mm}$，$t_1=3\ \mathrm{mm}$。则

$$\bar{q}_{1\text{-}2}=\frac{2\times 10\ 000}{\pi\times 120}\left(1-\cos\frac{\pi x}{1\ 000}\right)=53\left(1-\cos\frac{\pi x}{1\ 000}\right)\ \mathrm{N/mm}$$

$$q_{01}=-31.5\ \mathrm{N/mm}$$

因为 q_{01} 为负值，表示其方向与图 6-49(b) 中假定方向相反。

最后所得剪流分布如图 6-49(c) 所示。研究这剪流分布图后可知：倘若在 $q=0$ 处切口，将得到 3 个独立的开剖面，一个是工字形，另两个是槽形的。由此可以推想，若有一个对称的三闭室剖面受对称载荷，则相当于两个槽形剖面和两个工字形剖面。这种规律的掌握，对我们大略估计剖面剪流的分布是有用的。

6.8 多闭室剖面剪流及弯心的近似计算*

由上一节可知，多闭室剖面剪流的计算是比较繁琐的。为此本节将介绍一种近似计算方法，这种方法是基于整个剖面变形一致的假设下推导出来的。在近似计算中可以免去解静不定系统的运算，而直接利用简化的公式算出剖面的剪流。

1. 扭矩作用下剪流的近似计算

图 6-50(a) 表示一多闭室剖面结构，在外扭矩 M_z 的作用下，3 个闭室产生常剪流 q_{01}，q_{02}，q_{03}。设这 3 个常剪流在各闭室能平衡的分扭矩为 m_1，m_2，m_3，如图 6-50(b) 所示，根据理论力学中的分力矩定理，可知

$$M_z=m_1+m_2+m_3 \tag{1}$$

各闭室的常剪流由式(6-24) 可得

$$q_{01}=\frac{m_1}{\Omega_{\mathrm{I}}},\qquad q_{02}=\frac{m_2}{\Omega_{\mathrm{II}}},\qquad q_{03}=\frac{m_3}{\Omega_{\mathrm{III}}} \tag{2}$$

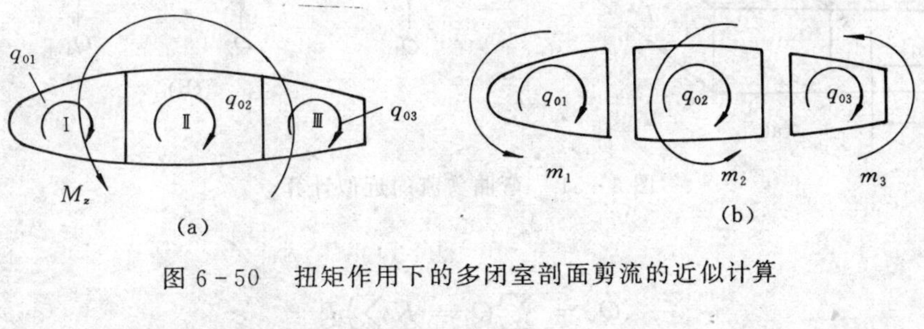

图 6-50　扭矩作用下的多闭室剖面剪流的近似计算

又由式(6-31) 可知各闭室的相对扭转角为

$$\theta_1=\frac{m_1}{C_1},\qquad \theta_2=\frac{m_2}{C_2},\qquad \theta_3=\frac{m_3}{C_3}$$

式中，C_1，C_2，C_3 分别为各闭室的扭转刚度，即

$$C_1 = \frac{\Omega_{\text{I}}^2}{\oint_{\text{I}} \frac{ds}{Gt}}, \qquad C_2 = \frac{\Omega_{\text{II}}^2}{\oint_{\text{II}} \frac{ds}{Gt}}, \qquad C_3 = \frac{\Omega_{\text{III}}^3}{\oint_{\text{III}} \frac{ds}{Gt}}$$

根据剖面几何形状不变的假设，各闭室有相同的扭转角，即 $\theta_1 = \theta_2 = \theta_3 = \theta$。于是

$$\frac{m_1}{C_1} = \frac{m_2}{C_2} = \frac{m_3}{C_3} = \frac{m_1 + m_2 + m_3}{C_1 + C_2 + C_3} \tag{3}$$

将式(1) 代入式(3)，则得

$$\frac{m_1}{C_1} = \frac{m_2}{C_2} = \frac{m_3}{C_3} = \frac{M_z}{\sum C_i} \tag{4}$$

由式(4) 可分别求出各分扭矩，即

$$m_1 = M_z \frac{C_1}{\sum C_i}, \qquad m_2 = M_z \frac{C_2}{\sum C_i}, \qquad m_3 = M_z \frac{C_3}{\sum C_i} \tag{6-47}$$

由式(6-47) 可见，各闭室的扭矩是按刚度比分配的。

将已求出的分扭矩代入式(2)，便可求出各闭室的剪流。

2. 弯曲时剪流的近似计算

若外力作用在剖面的弯心上，则剖面只弯曲而不扭转。为了近似计算弯曲时剖面的剪流，可以假设各闭室是彼此分开的开剖面，如图 6-51(a) 所示。且近似的认为各剖面剪流的合力 Q_i 是与各梁的弯曲刚度 EJ 成正比例，其作用线在梁的腹板上。当各梁的弹性模量相同时，则

$$Q_i = KJ_i \tag{1}$$

式中　K —— 比例系数；

J_i —— 第 i 个梁的惯性矩。

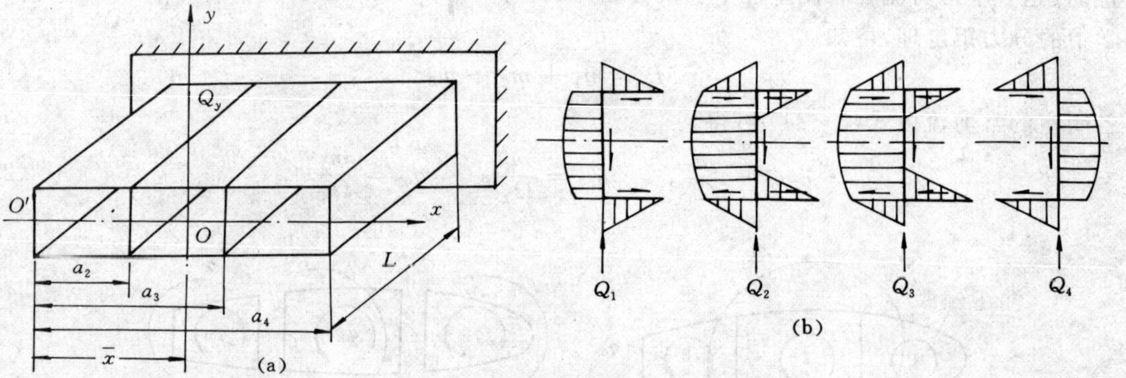

图 6-51　弯曲剪流的近似计算

又

$$Q_y = \sum Q_i = K \sum J_i \tag{2}$$

所以

$$K = \frac{Q_y}{\sum J_i} \tag{3}$$

将式(3) 代入式(1)，可得

$$Q_i = Q_y \frac{J_i}{\sum J_i} \tag{6-48}$$

当已知各剖面的剪力 θ_i，便可以按开剖面剪流计算公式进行计算，其内力如图 6-51(b) 所示。

3. 弯心的近似计算

以上所介绍的近似计算公式，都是将弯曲与扭转分开来考虑的。而外载荷对结构的作用是任意的，只有知道弯心的位置，才可能将力移到弯心上去，形成作用在弯心上的剪力和扭矩。弯心的近似计算可按下述方法进行。

设图 6-51 中的剪力 Q_y 作用在剖面的弯心上，各剖面上剪流的合力 Q_i 近似地认为作用在各直壁上。如果我们取任一点 O' 为力矩极点，则根据力矩平衡可得

$$Q_y \bar{x} = \sum (Q_i a_i)$$

即得

$$\bar{x} = \frac{\sum (Q_i a_i)}{Q_y}$$

将式(6-48)代入，消去 Q_y 可得

$$\bar{x} = \frac{\sum (J_i a_i)}{\sum J_i} \tag{6-49}$$

式中，$\bar{x}$ 为从力矩极点 O' 到弯心沿 x 轴的距离。

同理，可以求出弯心沿 y 轴的坐标 $\bar{y}$。具体公式推导从略。

应当指出，本节所介绍的近似计算中，对于扭矩作用下剪流的计算与 6.7 节比较接近的，可以作为工程中的近似计算。而弯曲剪流及弯心的计算是很粗糙的，其结果往往误差很大，所以只能作为估算。

6.9 限制弯曲与限制扭转的概念*

以前各节，在讨论开剖面和各种闭剖面薄壁结构在外载荷作用下剖面中正应力和剪流的计算时，都是以线应变符合平面规律为基础的。也就是说，结构的纵向纤维可以自由伸缩，使剖面发生了翘曲，而且这种翘曲不受任何限制，所以称为自由弯曲和自由扭转。但在薄壁结构的固定端和大开口附近，这种翘曲受到了限制，使线应变平面分布规律遭到破坏，应力状态也发生了变化，因此以前的结论就不再适用了。关于限制弯曲与限制扭转的应力计算不仅要引入新的假设，而且也是很复杂的(用有限元计算这类问题比较容易)，因而本节将就其基本概念作一些介绍，以供构造设计中对传力、受力等有个概括的了解。

1. 限制扭转

图 6-52(a) 为工字形开剖面薄壁结构，两端作用有纯扭矩 M_z 而自由扭转，变形后剖面发生翘曲不再是一个平面，如图 6-52(b) 所示。由于各个剖面均能自由翘曲，因而剖面上就没有正应力，而只有自由扭转时的切应力。

若剖面的翘曲受到限制，即限制扭转。此时由于各剖面的翘曲量不等，限制愈大则正应力也愈大，因而正应力沿纵轴是变化的，固定端限制最大，其正应力也最大，自由端翘曲不受限制，其正应力为零。由于正应力沿纵向是变化的，因而也引起切应力。由限制扭转引起的正应力

和切应力，通常称为‘附加应力’或‘次应力’，分别以 σ_ω，τ_ω 来表示。由此可见，限制扭转情况下剖面上任何一点的应力为使纵向纤维长度发生变化，在剖面上产生正应力。而且剖面上的正应力分布规律与翘曲的规律一致。正应力的大小与限制的程度有关

$$\sigma = \sigma_\omega$$

$$\tau = \tau_0 - \tau_\omega$$

式中，τ_0 为自由扭转引起的切应力(或称为基本应力)，对于开剖面 τ_0 很小。

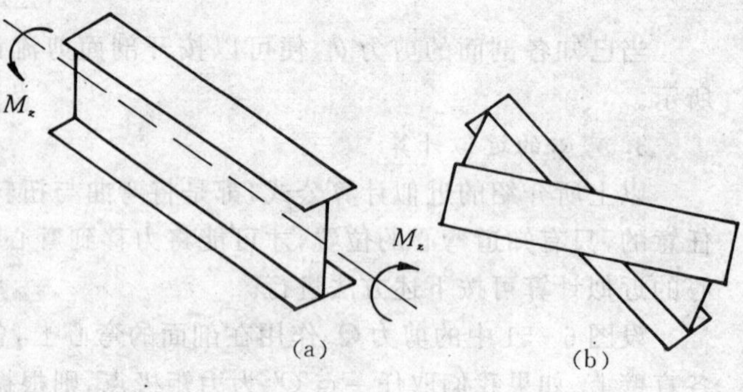

图 6－52　扭矩作用下的工字形开剖面

为了说明问题的实质，这里仅取工字形开剖面薄壁结构为例。图 6-53(a) 所示为一工字形开剖面薄壁结构，在扭矩 M_z 作用下，任一剖面上的内力如图 6－53(b) 所示。在两侧板上切应力合力 Q_1，Q_2，腹板上切应力合力 Q_3 及剖面上的正应力 σ_ω，根据平衡条件可得

$$\sum X = 0, \qquad Q_3 = 0 \tag{1}$$

$$\sum Y = 0, \qquad -Q_1 + Q_2 = 0 \quad 即 \quad Q_1 = Q_2 \tag{2}$$

$$\sum M_z = 0, \qquad Q_1 h - M_z = 0 \quad 即 \quad Q_1 = \frac{M_z}{h} \tag{3}$$

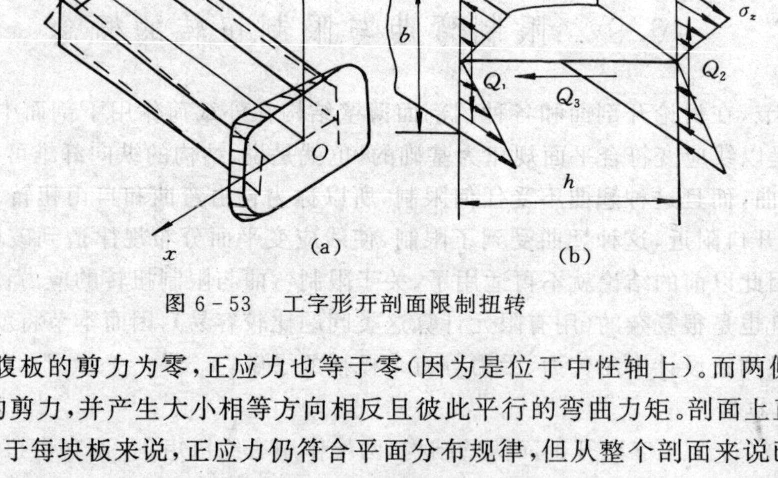

图 6－53　工字形开剖面限制扭转

由式(1) 知，中间腹板的剪力为零，正应力也等于零(因为是位于中性轴上)。而两侧板受到大小相等方向相反的剪力，并产生大小相等方向相反且彼此平行的弯曲力矩。剖面上正应力分布如图 6－53(b)，对于每块板来说，正应力仍符合平面分布规律，但从整个剖面来说已不符合平面分布规律了。又因为外力只有扭矩而无其他形式的载荷，所以剖面上的正应力必然是自身平衡的力系，即

$$\sum Z = 0, \qquad \int_s \sigma_\omega t \mathrm{d}s = 0 \tag{4}$$

$$\sum M_x = 0, \qquad \int_s \sigma_\omega y t \mathrm{d}s = 0 \tag{5}$$

$$\sum M_y = 0, \qquad \int_s \sigma_\omega x t \mathrm{d}s = 0 \tag{6}$$

式(1)～(6)为剖面6个平衡方程式。

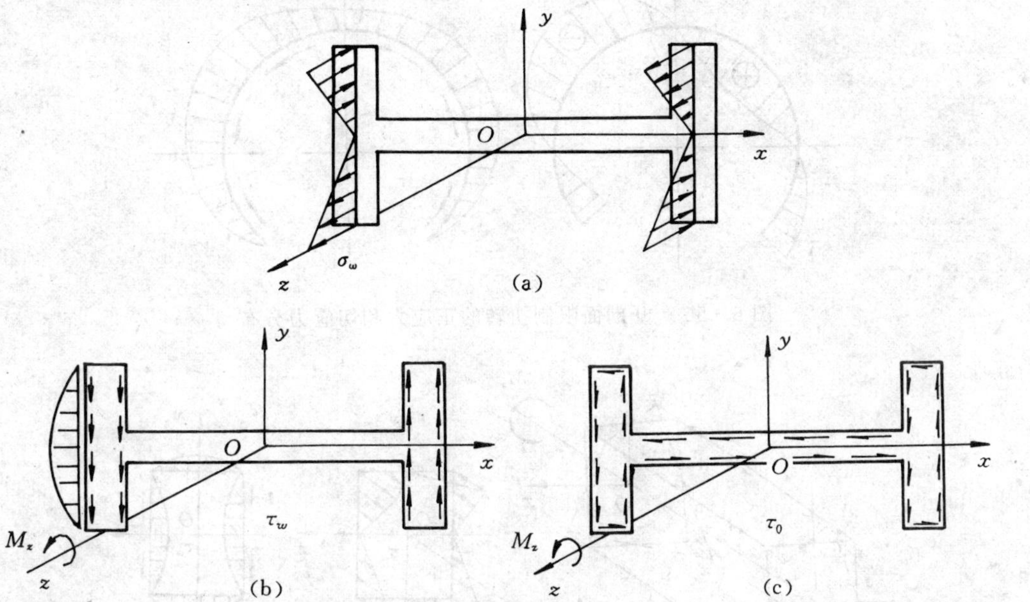

图6-54　工字形开剖面限制扭转

如果将图6-53(b)中的应力分布如图6-54((a)，(b)，(c)所示，则可以很清楚地看到，由限制扭转在剖面引起的3种应力：附加正应力σ_ω(见图6-54(a)、附加切应力τ_ω(见图6-54(b))及自由扭转的切应力τ_0(见图6-54(c))。根据平衡条件σ_ω是自身平衡的，而τ_ω，τ_0是与外扭矩M_z平衡的。同时由图6-55(b)可见τ_0沿板厚度呈线性分布，因而抗扭矩的能力不大，对于薄板这种能力更小，而外扭矩主要由附加切应力来平衡。所以在6.5节讨论开剖面自由扭转时曾指出不能受扭也是基于这个事实的。同时也曾指出，开剖面薄壁结构不能受扭，因而是几何可变的。这一结论对于限制扭转不再成立。因为限制开剖面自由翘曲，相当于引入了相应的外部约束，使原来几何可变的开剖面结构变成了几何不变的受力系统。

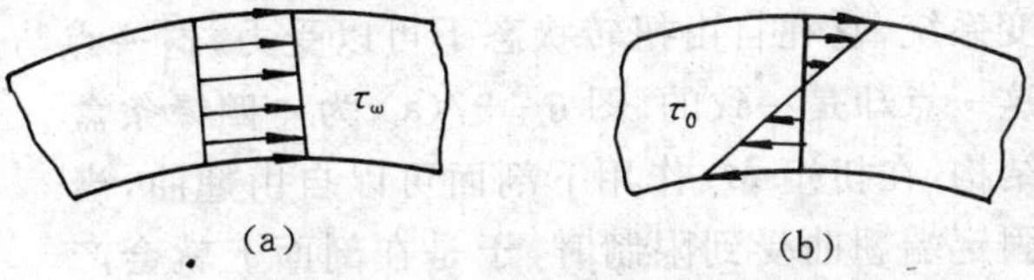

图6-55　沿壁板厚度的切应力分布

这种限制扭转的结果，使剖面产生弯曲应力，所以也称弯曲扭矩。又因为两侧壁不同方向的弯曲，对于这种承扭方式也称参差弯曲。

其他形状的开剖面薄壁结构同样存在着限制扭转现象。例如一个开剖面圆形薄壁结构，当结构的一端或两端固定时，在扭矩作用下，限制扭转的正应力和切应力分布如图6-56所示，这种应力往往是很大的。

这种限制扭转(或参差弯曲)通常也发生在薄壁结构有大开口的地方，如座舱开口，炸弹舱开口及起落架舱开口等处。在这些地方要想使载荷刚好通过此部分的弯心是不容易的。因此，要想很好的承受和传递在载荷，这时只好用限制扭转或参差的方式来传递和承受载荷。

闭剖面薄壁结构在扭转作用下，也同样存在着限制扭转问题。因此闭剖面薄壁结构为几何

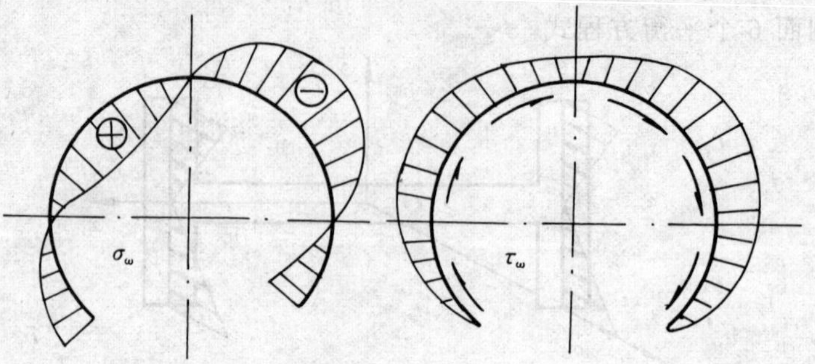

图 6-56　开剖面限制扭转的正应力和切应力分布

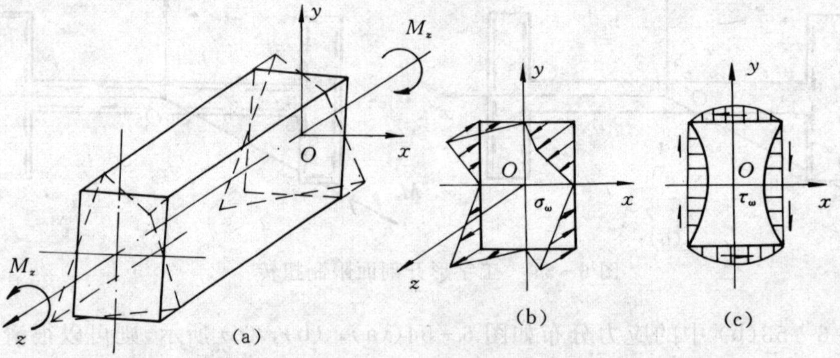

图 6-57　扭转作用下的四缘条盒式结构

不变系统，它在自由扭转状态下可以受力，这一点与开剖面薄壁结构不同。但剖面可以自由翘曲这一点却是一致的。图 6-57(a) 为一四缘条盒式结构，在扭矩 M_z 作用下剖面可以自由翘曲，当在固定端翘曲受到限制时，于是在剖面上就会产生相应的正应力 σ_ω 和切应力 τ_ω，如图 6-57(b)、(c) 所示。而自由端翘曲不受限制，其 σ_ω 和 τ_ω 均为零。显然，越靠近固定端限制扭转的效应越严重，而自由端则不会出现限制扭转现象，因而附加的正应力 σ_ω 和切应力 τ_ω 沿纵向是变化的。由实验和理论分析表明，正应力 σ_ω 沿轴的变化规律如图 6-58 中实线所示。在固定端附近正应力 σ_ω 变化急剧，其值也较大，而距固定端稍远一些，变化比较平缓，其值也较小。因此，在工程近似计算中，可以认为：对一个细长的薄壁梁来说，从梁的自由端算起，约占全梁长度的 2/3 ～ 3/4 范围内，正应力 σ_ω 变化不大，其值较小。所以这部分梁仍可按自由扭转计算。而在固定端附近，一般取全梁长的 1/4 ～ 1/3，正应力变化较大，其值也大。因此在计算时应

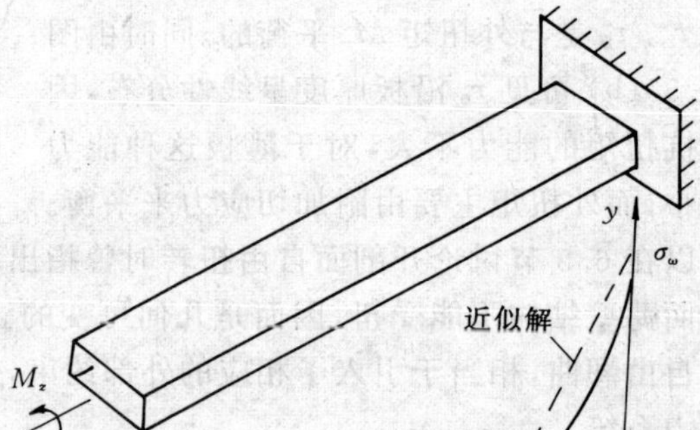

图 6-58　长梁的自由扭转和限制扭转

充分注意正应力。为了简化计算，我们可以假设在根部附近(图示 L^* 范围内)，正应力 σ_ω 沿纵向的分布呈线性的。这样按线性变化所得的结果与精确值相差不大，所以在实际工程计算中可以采用，如图 6-58 中虚线所示。

2. 限制弯曲

图 6-59(a) 所示一个壁板能受正应力的盒式结构，当它受到剪力 Q_y 而发生弯曲时，各壁板中产生剪流，如图 6-59(b) 所示。由于剪切变形而使得剖面发生像图 6-59(c) 所示那样的翘曲。而在固定端由于翘曲受到了限制，而产生相应的附加应力 σ_ω 和 τ_ω，而这些应力是由于翘曲受到限制而发生的，所以就把这种翘曲受到限制的弯曲称做限制弯曲。一般来说，限制弯曲所产生的附加应力比较小，所以在工程计算中可以不考虑。

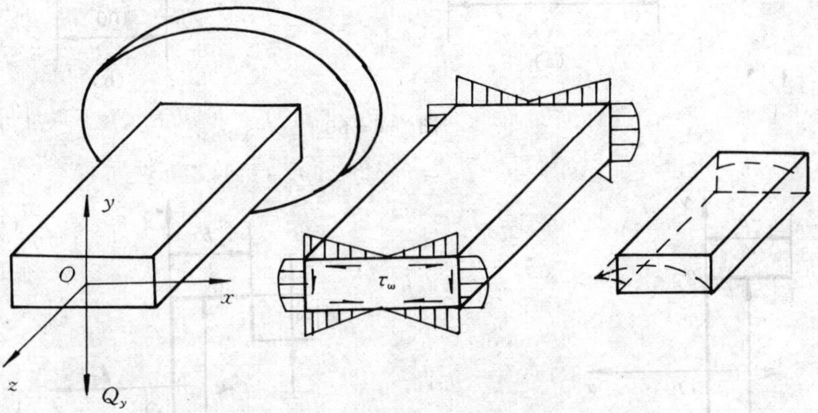

图 6-59　盒式结构的限制弯曲

前面已经提到，限制弯曲与限制扭转问题的理论计算，即使再引入一些工程假设计算也是十分复杂的。若读者需要了解，可以参阅有关的结构力学论著。倘若应用有限元素法解决这类问题，可以得到工程上满意的结果。但是对于结构分析者来说，定性地了解限制弯曲与限制扭转的物理概念仍然是十分重要的，这对于构造设计中受力元件的布置及计算模型的选取都具有重要的参考价值。

习　题

6-1　求图 6-60 所示剖面的弯曲正应力。设壁板不受正应力，缘条面积都是 200 mm²。已知载荷 $M_x = 10^6\ \mathrm{N \cdot mm}$，$M_y = 5 \times 10^5\ \mathrm{N \cdot mm}$。图中尺寸单位为 mm。

6-2　开剖面薄壁梁的剖面形状及尺寸如图 6-61(a) ～ (f) 所示。壁板能承受正应力，剖面上有 Q_y 和 M_x 作用，设 $h = 2b$。

求：(1) 剖面上的正应力；

(2) 剖面上的剪流分布。

6-3　图 6-62(a) ～ (c) 所示的开剖面，壁能承受正应力，圆弧部分半径为 R，壁厚为 t，剖面上有 Q_y 作用。

求：(1) 各剖面的剪流分布；

(2) 各剖面的弯心位置。

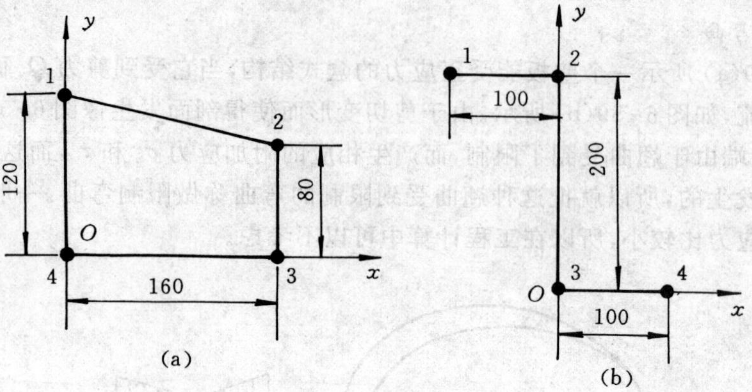

图 6-60

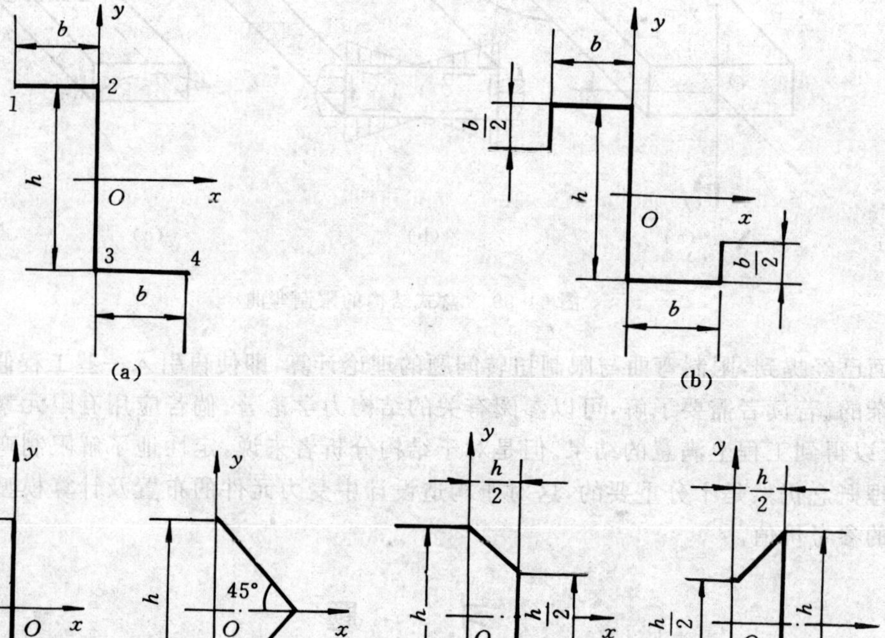

图 6-61

6 -4　图 6-63(a) ～ (c) 所示的开剖面，设壁不受正应力，缘条（桁条）面积均为 $A=500\ \text{mm}^2$，$R=200\ \text{mm}$，$h=400\ \text{mm}$。

求：(1) 在 Q_y 作用下剖面剪流分布；

(2) 剖面弯心位置。

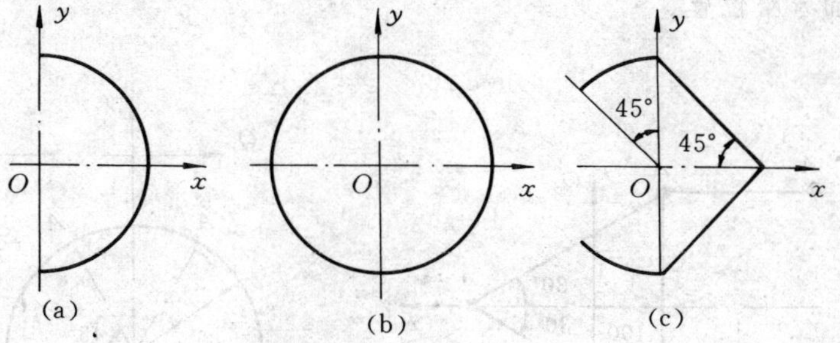

图 6-62

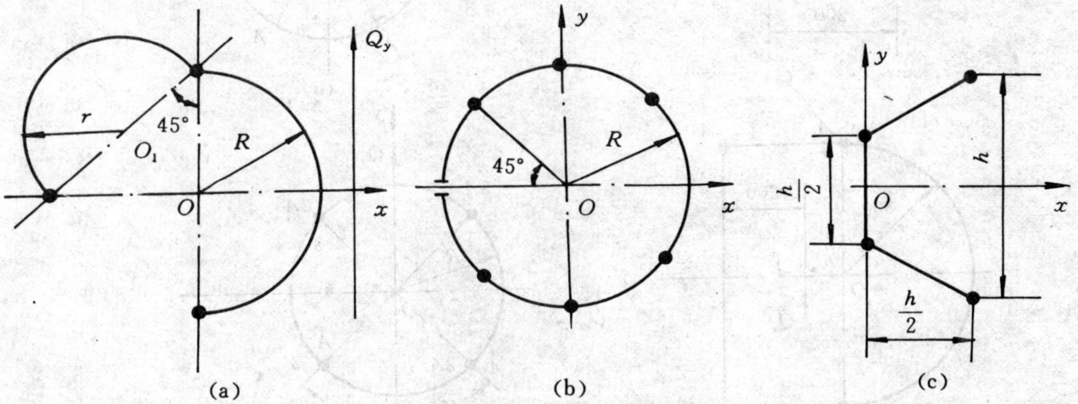

图 6-63

6-5 图 6-64(a)、(b) 所示单闭室剖面，壁能受正应力。图中尺寸单位为 mm。

求：(1) 各剖面的剪流分布；

(2) 各剖面的弯心位置。

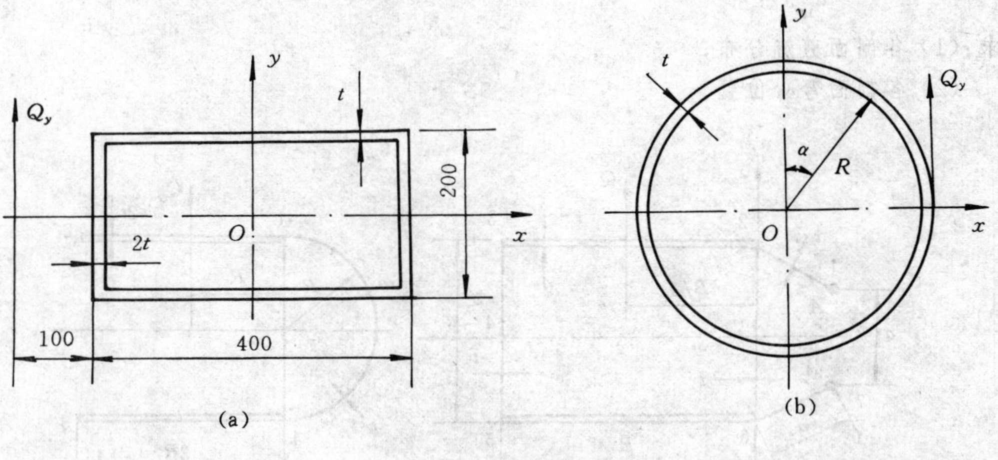

图 6-64

6-6 图 6-65(a) ~ (d) 所示单闭室剖面，壁板不受正应力。图中尺寸单位为 mm。

求：(1) 各剖面剪流分布；

(2) 各剖面弯心位置。

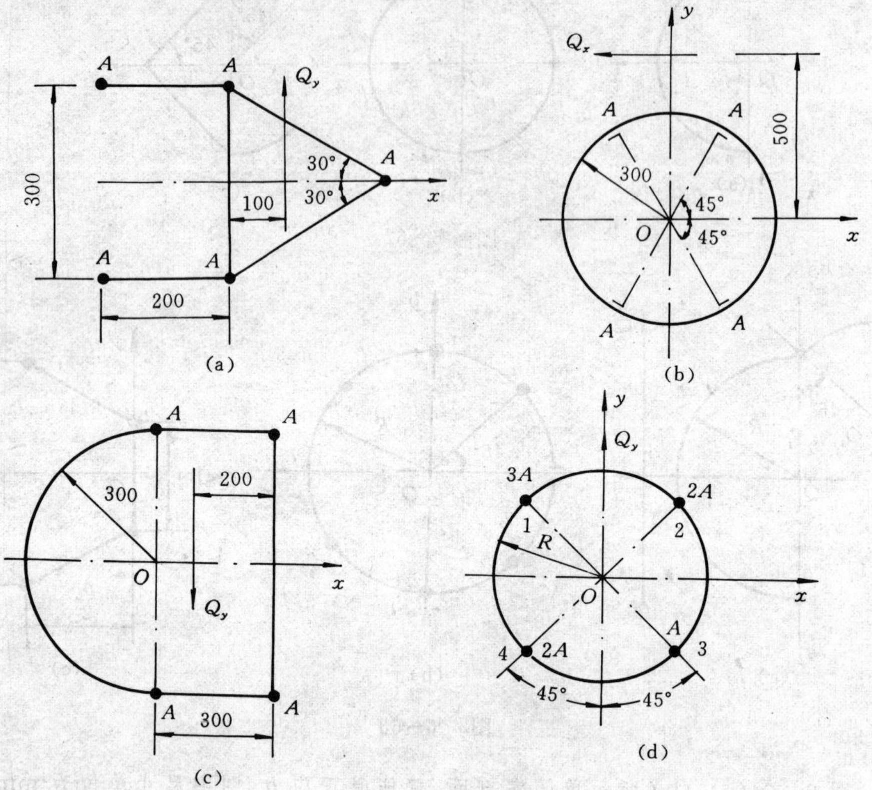

图 6-65

6-7 图 6-66 所示剖面,图(a)中 23,56 壁能承受正应力,图(b)中 12,34 壁能承受正应力。

求:(1) 各剖面剪流分布;

(2) 各剖面弯心位置。

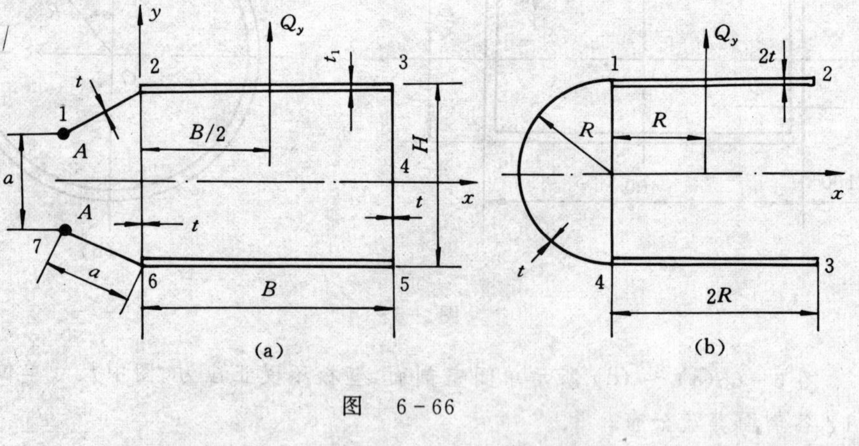

图 6-66

6-8　图 6-67 所示双闭室剖面，图(d)，(e) 壁能承受正应力，图(f) 的 12，34 壁能承受正应力，其余均不能承受正应力。壁板的厚度均为 t，材料的切变模量均为 G。若 $H = R = 200$ mm，$t = 2$ mm，$A = 400\ \text{cm}^2$，$Q_y = 2\ 000$ N，$G = 2.7 \times 10^4$ MPa。

求：各剖面的剪流分布及相对扭转角。

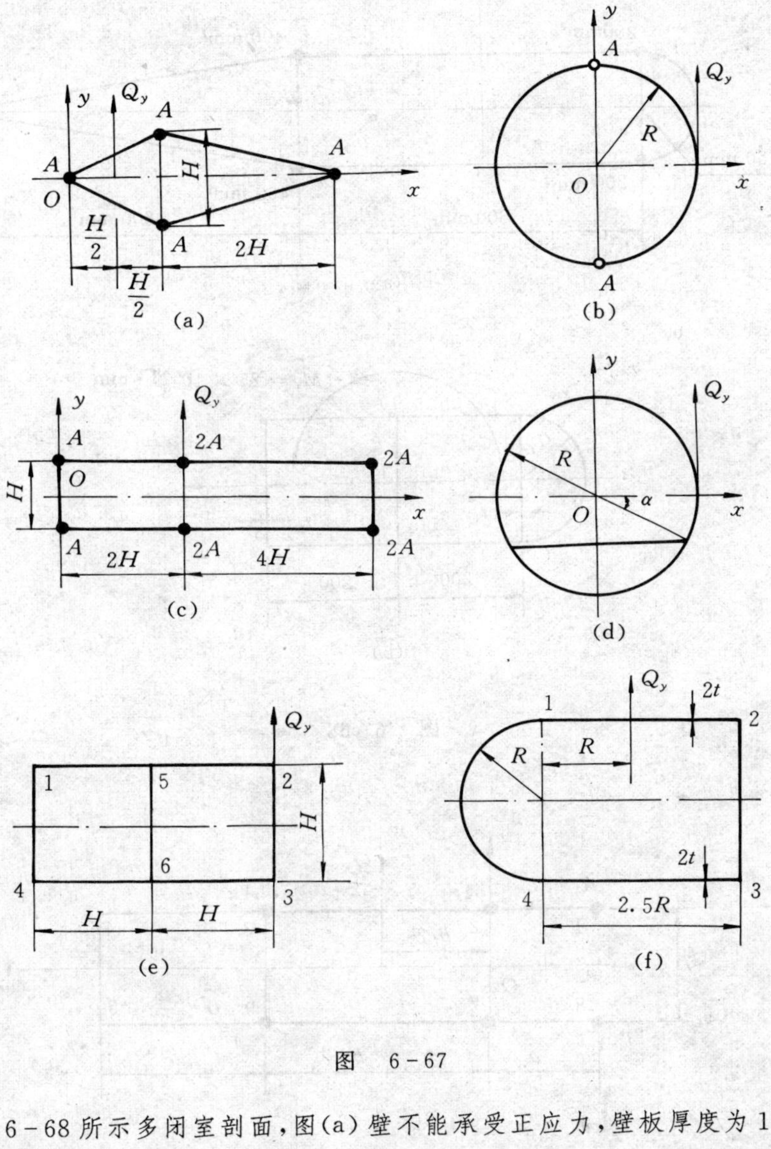

图　6-67

6-9　图 6-68 所示多闭室剖面，图(a) 壁不能承受正应力，壁板厚度为 12 mm。图(b) 壁能承受正应力，壁板厚度 $t_1 = 1.5$ mm，$t_2 = 1.2$ mm，其余板厚为 $t = 1$ mm。图中尺寸单位为 mm。

求：各剖面的剪流和相对扭转角。

6-10　某机翼的简化计算模型如图 6-69 所示。剖面内力 $Q_y = 56\ 000$ N，剖面距翼根 $Z_0 = 2\ 000$ mm，结构材料为硬铝 $G = 2.7 \times 10^4$ MPa，除前后梁间的上下蒙皮厚度为 $t_1 =$

4 mm 外，其他壁厚度为 $t_2 = 1$ mm，且不承受正应力。$H = 200$ mm，$a = 200$ mm，$b = 400$ mm，$c = 300$ mm，$A = 400$ mm^2。

求：(1) 剖面在 Q_y 作用下的剪流及扭转角；

(2) 剖面弯心的位置。

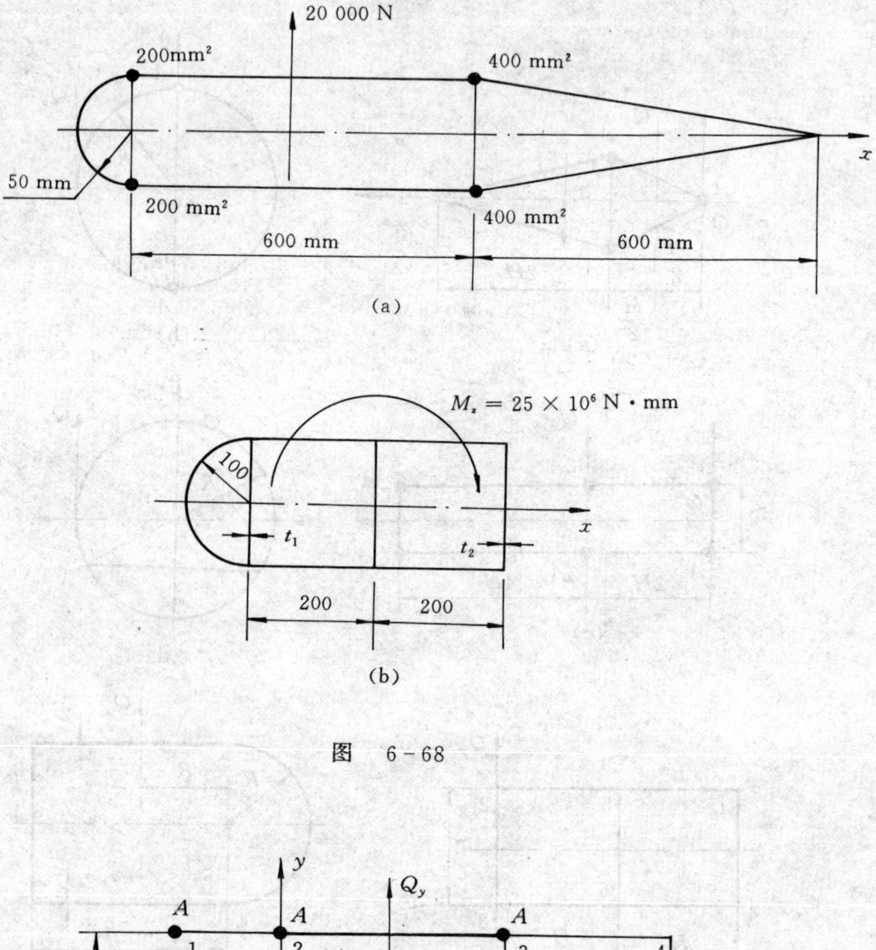

图 6-68

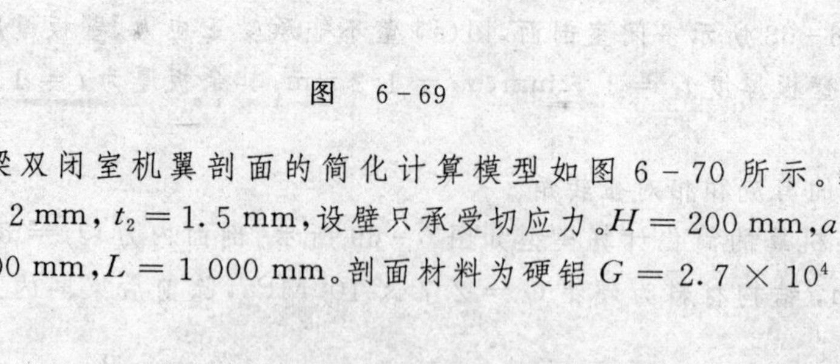

图 6-69

6-11 某单梁双闭室机翼剖面的简化计算模型如图 6-70 所示。缘条面积 $A = 2\ 000$ mm，壁厚 $t_1 = 2$ mm，$t_2 = 1.5$ mm，设壁只承受切应力。$H = 200$ mm，$a = 521.46$ mm，$b = 500$ mm，$R = 100$ mm，$L = 1\ 000$ mm。剖面材料为硬铝 $G = 2.7 \times 10^4$ MPa，剖面内力

$Q_y = 10\ 000$ N。

求：(1) 剖面在 Q_y 作用下的剪流及扭转角；

(2) 剖面弯心的位置。

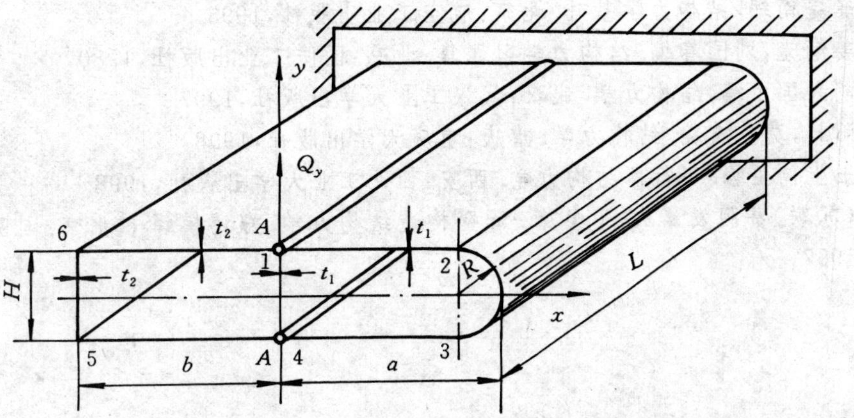

图 6-70

参考文献

1 姜炳光,刘国春编.结构力学.北京:国防工业出版社,1980
2 龚尧南编.结构力学基础.北京:航空工业出版社,1993
3 姜炳光,刘国春编.结构力学习题集.北京:国防工业出版社,1980
4 胡兴国主编.结构力学.武汉:武汉工业大学出版社,1997
5 阳日,莫宣志编.结构力学.重庆:重庆大学出版社,1998
6 王生楠主编.飞行器结构力学.西安:西北工业大学出版社,1998
7 (苏联)费阿发诺夫 А Ф 著.薄壁构造结构力学.郑鸿模译.北京:国防工业出版社,1957